听专家田间讲课

林下经济作物种植新技术

谭著明　主编

中国农业出版社

中国农业出版社

编 写 人 员 名 单

主　　编　谭著明

副主编　申爱荣　王旭军

编　　者　（按姓名笔画排序）

　　　　　王旭军　申爱荣　杨硕知

　　　　　沈宝明　谭　云　谭著明

出版说明

　　保障国家粮食安全和实现农业现代化，最终还是要靠农民掌握科学技术的能力和水平。为了提高我国农民的科技水平和生产技能，向农民讲解最基本、最实用、最可操作、最适合农民文化程度、最易于农民掌握的种植业科学知识和技术方法，解决农民在生产中遇到的技术难题，中国农业出版社编辑出版了这套"听专家田间讲课"丛书。

　　把课堂从教室搬到田间，不是我们的最终目的，我们只是想架起专家与农民之间知识和技术传播的桥梁，也许明天会有越来越多的我们的读者走进校园，在教室里聆听教授讲课，接受更系统、更专业的农业生产知识与技术，但是"田间课堂"所讲授的内容，可能会给读者留下些许有用的启示。因为，"听专家田间讲课"丛书更像是一张张贴在村口和地头的明白纸，让你一看就懂，一学就会。

本套丛书选取粮食作物、经济作物、蔬菜和果树等作物种类，一本书讲解一种作物或一种技能。作者站在生产者的角度，结合自己教学、培训和技术推广的实践经验，一方面针对农业生产的现实意义介绍高产栽培方法和标准化生产技术，另一方面考虑到农民种田收入不高的实际问题，提出提高生产效益的有效方法。同时，为了便于读者阅读和掌握书中讲解的内容，我们采取了两种出版形式，一种是图文对照的彩图版图书，另一种是以文字为主、插图为辅的袖珍版口袋书，力求满足从事农业生产和一线技术推广的广大从业者多方面的需求。

期待更多的农民朋友走进我们的田间课堂。

2016 年 6 月

　　集体林权制度改革后，取得林权证的林农成为林地经营的主体，拥有了林木和其他生物资源的经营处置权。但是，以木材经营为主的传统业态投资和效益回收周期长，难以激活林农务林的热情，也调和不了林农生计和经济需求与国家生态需求之间的矛盾。发展多样化的林下生物和经济资源渐成共识。为此，国务院办公厅于2012年出台了《关于加快林下经济发展的意见》（国办发〔2012〕42号），确立了"坚持生态优先，确保生态环境得到保护；坚持政策扶持，确保农民得到实惠；坚持机制创新，确保林地综合生产效益得到持续提高"的促进林下经济发展的基本原则。

　　自古以来民间即有林下种植、养殖、采集的传统习惯，开发林下经济资源具有得天独厚的自然条件和人文理念，但立足现实条件，发展什么类型的生物品种，如何发展，市场预期如何变化，这些问题都需要从业者深入思考。

　　本书从实用性和可操作性的角度出发，精选了27种适合林下荫蔽环境种植的植物和菌物种类，对其生物学特性、育苗、种植、加工利用方法进行了精简和实用描述。这些作物种类市场前景好、开发潜力大，普通作物或药用植物因产量飙升而致市场剧烈波动甚至萎靡不振的问题鲜有发生，这对种植者利益是一种无形的保护。本书中列举的一些林下经济作物种类和种植技术，是近年才进入市场的新品种和新技术，对林农认识和掌握新型林下经济技术有一定帮助。

编　者

目录
MU LU

一、 铁皮石斛

（一）简介

铁皮石斛（*Dendrobium officinale* Kimura et Migo）为多年生兰科石斛属植物，又名黑节草，是传统珍贵药材，自古以来就有"救命仙草"的美称。其具有滋阴补虚、保肝养胃、抑制肿瘤、养颜明目、抗衰老、增强免疫力等多种功效。

（二）生物学与生态学特性

茎直立，圆柱形，长9～35厘米，粗2～4毫米，不分枝，具多节，节间长1.3～1.7厘米，常在中部以上互生3～5枚叶。叶二列，纸质，长圆状披针形，长3～4（～7）厘米，宽9～11（～15）毫米，先端钝而稍呈钩状，基部下延为抱茎的鞘，边缘和中肋常带淡紫色。叶鞘常具紫斑，老时其上缘松脱且张开，节处留下1个环形铁青色痕隙。

总状花序常从落了叶的老茎上部发出，具2～3朵花；花序柄长5～10毫米，基部具2～3枚短鞘；花序轴回折状弯曲，长2～4厘米；花苞片干膜质，浅白色，卵形，长 5～7 毫米，先端稍钝；花梗和子房长 2～2.5 厘米；萼片和花瓣黄绿色，颜色相似，长圆状披针形，长约 1.8 厘米，宽 4～5 毫米，先端锐尖，具 5 条脉；侧萼片基部较宽阔，宽约 1 厘米；萼囊圆锥形，长约 5 毫米，末端圆形。蕊柱黄绿色，长约 3 毫米，先端两侧各具 1 个紫点；蕊柱基部黄绿色带紫红色条纹，疏生毛；药帽白色，长卵状三角形，长约 2.3 毫米，顶端近锐尖且 2 裂。花期 3～6 月。

铁皮石斛主要分布在秦岭淮河以南的安徽、湖南、云南、贵州、广东、广西、福建、江西、浙江及河南等地，其中又以云南分布最多。自然状态下，生长于岩石、峭壁背阴处或树干上。铁皮石斛在 −20～40 ℃能够存活，在 23～25 ℃生长最好。温度过低易冻伤或冻死，35 ℃以上停止生长。最适光照度为 2 220～3 330 勒克斯。其光合作用兼具景天酸代谢途径（CAM 途径）和 C_3 光合代谢途径，具有良好的抗旱性。不同种源的铁皮石斛耐低温能力差异很大。南亚热带地区种源通常在 0 ℃以下易遭冻害；而中亚热带和北亚热带种源可耐−8 ℃甚至−20 ℃低温。因此，在自然分布区冬季温度较低地区，人工栽培时要注意选用耐寒种源。

（三）利用价值

多糖是铁皮石斛中一类重要的活性物质。多

糖成分与铁皮石斛药效密切相关，能增强机体免疫机能、抗肿瘤、抗衰老、抗疲劳、降血糖。从铁皮石斛中分离、纯化获得的 O-乙酰葡萄甘露聚糖，具有强化 T 细胞、B 细胞、NK 细胞和巨噬细胞功能的作用。

铁皮石斛中分离得到的 10 种生物碱类成分，有益于心血管、胃肠道健康，并有退热止痛作用。所含的菲类化合物具有抗癌活性，能增强巨噬细胞的吞噬作用，促进 T 细胞生长并抑制淋巴细胞移动，提升外周白细胞数量，起到增强免疫功能的作用。

（四）育苗技术

1. 种子催芽与萌发　蒴果内种子多而细小，自然发芽率低。通过组织培养的方式，在超净工作环境下，将种子播植于三角瓶盛装的灭菌培养基上，控制适宜温度（20～23 ℃）、湿度（65%～80%）和光照条件（2 200～3 300 勒克斯），20 天左右，可以获得较高的发芽率。经过一段时间炼苗，最后出瓶洗苗，进行田间移栽种植管理。人工培育种植的铁皮石斛苗，与自然环境下的铁皮石斛相比，生长周期短、幼苗大小一致、产量高，是目前铁皮石斛幼苗繁殖的主要途径。

2. 炼苗　在人工移栽前可先将生长健壮、达到种植标准的瓶苗搬到温室大棚进行 7 天左右的炼苗，使得瓶苗慢慢适应外界的自然环境。一般出瓶苗标准是：苗高 5 厘米左右，叶 3~5 片，根 4~5 条，根长 4 厘米左右，叶色、植株正常，无变异。

3. 出苗 打开已炼好苗的组培瓶瓶盖，自然放置 3~5 天后，小心地将小苗连同培养基取出，放进装满清澈自来水的盆中清洗。清洗过程中要小心掰开缠绕的根，避免受伤。根系上的培养基一定要清洗干净，以防发霉烂根。如果幼苗被污染，在清洗之后需要用 0.1% 的高锰酸钾溶液浸泡灭菌且再次洗净后出苗。种植前，组培瓶苗要置阴凉通风处晾干至根部发白。

4. 移栽 铁皮石斛组培苗对基质要求较高，普通土壤不适于作移栽基质。铁皮石斛喜半阴半湿环境，具好气性，因此要求基质疏松透气、无病虫害、保水保肥。一般选择泥炭土、碎树皮、生物炭，外加少量缓释肥作栽培基质。

移栽最佳季节为 3~5 月，日平均气温 15~30 ℃为宜。冬季和夏季铁皮石斛苗生长受抑制，成活率低，不适合炼苗移栽。但在可控温的温室大棚内，移苗季节不受限制。移栽后，要浇透定根水，使基质沉紧。此后，间歇性自动喷雾，保持空气湿度在 85%~90% 为宜。

（五）栽培技术

1. 林间树干附生栽培 即以林间树木作载体，

利用树木枝叶遮阴，将植株附生于树干、树枝、树杈上，仿照铁皮石斛自然生长环境进行栽培。

（1）**栽培环境与宿主**　在亚热带地区，年均气温 15～19℃，郁闭度 0.5～0.7 的森林内，多为漫射光和散射光，适合栽培铁皮石斛。选择树干大小适中、树皮有粗裂纹且不易自然脱落的树种作为铁皮石斛的宿主，如杉木、核桃、马尾松、云南松、枫香、青冈、板栗等均可。

（2）**栽培方法**　宜在 3～4 月栽培，最迟不晚于 5 月下旬。南亚热带地区根据气温和干湿季变化可适当提早或推迟种植。栽培前，将树的细枝、过密枝清除，将透光度调整至 35% 左右。栽培时，顺树干直立方向每隔 35 厘米筑一种植圈。每圈用无纺布或稻草自上而下螺旋状缠绕，无纺布圈内包裹少量粒径 0.3 厘米左右的石粒和树皮混合基质。按 3～5 株 1 丛，丛距 8 厘米左右，将二年生苗栽于基质上，以根系没入基质，茎基部露出为宜。种植后每天喷雾 1～2 小时，保持树皮湿润。暴雨后，应检查种植圈内铁皮石斛根系外露或整株掉落情况，随时整理并恢复原状。

杉木或松树树干上，也可直接用竹签或细钉将二年生铁皮石斛组培苗固定于树干表皮。此法既省时又省力，降低用工成本。

2. 林下原生态栽培　即以人工森林为依托，利用多层枝叶遮挡形成的荫蔽环境，进行林下种植。栽培基质、栽培方法、肥水管理等与炼苗移栽时苗床管理方法类似。可在林下地面铺设沥水砂石层种植，也可搭架种植。要求栽培床及基质兼备良好保水性和透气性，生产用的原材料要尽可能做到就地取材。栽培床上密度按 3～5 株 1 丛，丛距10 厘米×20 厘米安排，种植时间同活树附生原生态栽培时间。注意防冻，防止蜗牛与草食动物啃食。

3. 田间管理

（1）**温、湿度及光照**　铁皮石斛忌直射光，最适光照度为 2 200～3 300 勒克斯。最适生长温度20～30 ℃，高于 35 ℃或低于 8 ℃停止生长。适宜湿度 70%～80%。夏天若高温低湿，可采取喷雾等措施进行降温保湿。

（2）**水肥管理**　铁皮石斛苗初次定植时对水分需求量较大，要完全浇透基质，之后浇水只需保持基质湿润即可。浇水频率夏天 1 天一次，冬天 7 天一次，视天气情况而定。铁皮石斛在新根萌动后即可施缓效颗粒肥，助其苗壮成长。林下栽培，不可大肥大水，小肥小水有利于提高品质。

（3）**病虫害防治**　铁皮石斛主要病虫害为兰科植物常见的炭疽病、蜗牛、蛞蝓等，老鼠也可能对铁皮石斛植株造成伤害。主要防治方法：在种植前，采用高压蒸煮基质或二氯异氰尿酸钠1 200 倍液拌基质发酵的方法，可有效防治虫害以及病菌感染。另外，还要经常除草、松土，及时修剪病株、黄叶等，保持良好的通风条件。用壳聚糖［β-（1→4）-2-氨基-脱氧-D-葡萄糖，

$(C_6H_{11}NO_4)_n$〕液喷施或在植株基部浇灌可提高植株免疫力。

（六）采收

1. 茎干收获　铁皮石斛的养分经过 3 年的累计达到最高峰，茎干是铁皮石斛最主要的营养累积部位。每年初冬至翌年开春是最佳采收时期，采收时用剪刀去老留嫩即可，来年仍可继续采收。如 2～3 月，新芽从老茎干上萌发时即可进行采收，从茎干底部往上 2～3 厘米进行采剪。采收后的石斛茎干去叶、清洗后，可加工成不同类型的产品。

2. 花的收获　花期一般为 5 月底至 6 月初。石斛花采收后，可烘干（45 ℃左右）制成干花。石斛花具有生津养胃、滋阴清热、润肺益肾、固精明目的功效，可与其他食材如红茶、菊花等搭配成混合花茶。铁皮石斛花以 6 月初采收为宜，太早药效不好，太迟则药效尽失。

二、 重楼

(一) 简介

重楼 [*Paris polyphylla* Smith var. *chinensis* (Franch.) Hara] 别名独角莲、七叶一枝花、一枝箭，为百合科多年生草本植物。主产云南、贵州、四川、湖南等地，全国各地均有栽培，面积逐年扩大。重楼以根茎入药，性微寒、味苦，有小毒，有清热解毒、消肿止痛等功能。

(二) 生物学与生态学特性

重楼株高30～80厘米。根茎呈结节状扁圆柱形，多平直，少数弯曲，表面棕黄色，较平滑，有稀疏环节；茎痕呈不规则半圆形或扁圆形，表面稍突起，茎环纹一面结节明显，另一面疏生须根或疣状须根痕，质坚，不易折断，断面粉质。茎单一、直立。叶6～10片轮生（多为7片），叶柄长，叶片厚纸质，披针形或倒卵形。花梗从茎顶抽出，顶生1花；两性花，萼片披针形或长卵形，绿色；花瓣线状披针形，黄色；花丝比花药短。

　　重楼具有越冬期较长，营养生长期较短，生殖生长期较长的特点。一般11月中、下旬倒苗后即进入越冬期，到翌年3月左右萌动，5月从叶盘上抽薹开花，营养生长仅有1个月的时间。从5月开花到10月种子成熟，生殖生长期长达5个多月。

　　重楼喜温、喜湿、荫蔽的环境，但也抗寒、耐旱，畏霜冻和阳光。适宜在海拔500~1 900米、年均气温13~18 ℃范围内生长。喜有机质、腐殖质含量较高的沙土和壤土，尤以河边和背阴山坡种植为佳。

（三）利用价值

　　重楼化学成分主要是多种甾体皂苷，为薯蓣皂苷元和偏诺皂苷元的二、三、四糖苷。民间主要用于治疗各种疮毒、痈疽、毒蛇咬伤、痈肿、咽喉肿痛、跌打伤痛、惊风抽搐等症。现有药理研究表明，重楼还具有止血、镇静、镇痛、免疫调节、抗肿瘤、抗炎、抗菌抑菌、抑制精子活性等作用。

（四）育苗技术

　　重楼育苗主要有两种方法，一种是采用种子育苗，即有性繁殖；另一种是利用根茎切块育苗，即营养繁殖。大规模种植时，宜采用种子育苗，以节省成本；而小规模种植和根茎来源充足时则采用营养繁殖育苗。

1. 种子育苗

（1）**种子采收**　掌握采收种子的适宜时间，对保证种子发芽率等生理品质十分重要。应在蒴果出现裂口，露出鲜红色浆果时采收，此时种子已基本成熟，利于贮藏。

（2）**种子处理**　重楼种胚具有生理后熟的特点。因此，应及时洗去果实外层果肉，晾干水分，将饱满、成熟及无病害、霉变和损伤的种子装入封口袋中，置于$-18\ ℃$冰箱中 10 天，再置于 $4\ ℃$环境中 5 天，再置于 $10\ ℃$环境中 10 天。如此循环 3 次后，将变温处理的种子与经 0.5%高锰酸钾溶液灭菌的湿沙按 1：5 比例混合，装进催苗框中，置于室内，催芽温度保持在 $18\sim22\ ℃$，沙子湿度保持在 30%～40%。当种子胚根萌发后便可播种。

（3）**苗床选择和准备**　苗床应选择在水源充足的旱地或菜园，要求土壤疏松、肥沃。翻挖苗床时，捡去石块和杂草，平整做畦，畦宽 1.2 米左右。

（4）**播种**　播种前应按规格做好苗床，苗床要求宽 120 厘米，高 20 厘米，沟宽 30 厘米。沟要纵横畅通，利于排水。采用条播，在整好的苗床上按行距 15～20 厘米挖浅沟，将处理好的种子均匀地播入沟内，然后覆盖比例为 1：1 的腐殖土和草木灰，覆盖厚约 1.5 厘米的细土或细粪，浇透水，并加盖地膜，保持湿润。苗期注意除草和适当施肥。

2. 块茎育苗　以带顶芽切块组织为主。切口宜用 0.5% 高锰酸钾溶液进行消毒处理，防止病菌感染切口，造成腐烂。其中，带顶芽切块繁殖的成活率高、长势好。带顶芽切块的繁殖方法为：在秋、冬季地上茎倒苗后，根茎采收时，将健壮、无病虫害、完整无损的茎按垂直于根茎主轴方向，在顶芽以下 3～4 厘米处切割，其余部分则可晒干作商品药材出售。切好后伤口经上述灭菌方法处理，像播种一样条栽于苗床，并加盖地膜，到第二年春季即可移植。

（五）栽培技术

1. 栽培区选择与林地清理　选择海拔 500～1 900 米，年均温 13～18 ℃，无霜期 200 天以上，年降水量 850～1 200 毫米，地势平坦、灌溉方便、排水良好、疏松肥沃的沙壤土或红壤土，可选择林地、疏林地、灌木林地，乔灌层覆盖度应在 40%～60%。要避开国家法规禁止开发的区域。

土地清理，主要针对林中空地，清除杂灌、杂草、石块。为确保透光度达 40% 左右，应对高处树枝进行适度修理。原则上，2 年后的重楼栽植地透光度在 30% 左右，4 年后透光度 40%～60%。
第一年种植地要深翻，将腐熟的农家肥均匀地撒
在地面上，施用量为每 667 米² 2 000～3 000 千克，
再采用牛耕或人工深翻 30 厘米以上。

2. 做畦与定植　根据地块的坡向和地形做畦。
要求畦面宽 120 厘米，高 25 厘米，畦沟宽 30 厘
米，使沟互联，并直通出水口。

春季 2～3 月芽萌动前或 10 月至 11 月上旬于
阴天或午后阳光弱时移栽。畦面横向开沟，沟深
4～6 厘米，按株行距 15 厘米×15 厘米栽植，随挖
随栽。注意将顶芽尖朝上，根舒展，并用开第二
沟的泥盖平前一沟。栽好后浇足定根水，以后视
天气情况再浇水 2～3 次。畦面要覆盖碎草、锯木
屑或腐殖土，厚度以不露土为宜。

3. 定植后的管理

（1）**间苗与补苗**　在 5 月中、下旬需对种植
地或直播地进行定苗，即拔除少量过密、瘦弱或
病态幼苗，同时查苑补缺。补苗时要浇定根水。

（2）**中耕、除草和培土**　移栽定植后的第一
年，若杂草不多可不必除草。第二年以后，于 5～
8 月间除草两次。先用手拔除植株旁的杂草，再用
小锄头轻轻挖除其他杂草。中耕不可伤及地下根
茎和幼苗。培土可结合中耕、除草和追肥进行。

（3）**追肥**　重楼喜肥沃生境。肥料以有机肥
为主，辅以复合肥，少用化肥。施肥时间选在 4、
6、10 月，兑水浇施，或在下雨前撒施。

（4）**灌溉与排水** 移栽后每 10～15 天应及时浇水一次。出苗后，畦面及土层要保持湿润。雨季来临前，保持排水畅通，切忌畦面积水，否则易诱发病害。

（5）**摘蕾** 为减少养分消耗，使养分集中供应于块茎上，4～7 月出现花萼片时，除留种的植株外，应摘除其余植株花中子房，但要保留萼片，以增进光合作用，提高生物量。

4. 遮阴 对林下种植地块，透光率过低时，要对枝叶过密的林木进行修枝；遮阴度不够时，可采取插树枝遮阴的办法。出苗当年遮阴度以 80％为宜，第二年后遮阴度 70％，4 年以后 60％左右。

5. 病虫害防治 主要病害有立枯病、根腐病等。立枯病为幼苗期病害，使幼苗枯萎，严重时成片枯死倒苗。根腐病主要造成根茎腐烂。主要防治措施：加强田间管理，及时清沟排水，降低田间湿度；发病初期喷洒多菌灵等防治；喷施植株或在植株基部浇灌壳聚糖液可提高植株免疫力。重楼在栽培过程中要坚持绿色农药使用准则，保证药材重金属含量、农药残留不超标。

（六） 采收与加工

种子繁殖的重楼块茎 6 年以上采收最好，根茎切块繁殖的 3 年左右较佳。采挖时间应选择在

11月中旬至翌年2月，即其地上茎枯萎期间。此时营养和药效成分大部分都贮存在根茎内，药材质量好，产量也高。采挖时选晴天，先割除茎叶，然后用洁净的锄头从侧面开挖，挖出根茎，尽量保证根茎完好无损。

采挖好的根茎，去净泥土和茎叶，把带顶芽部分切下用作种苗，其余部分用清水洗刷干净，除去须根。粗大者切成2～4块，采取晾晒干燥或在45℃左右干燥箱内烘干，将干品打包后贮藏或出售利用。

三、 多花黄精

（一） 简介

多花黄精（*Polygonatum cyrtonema* Hua）别名老虎姜等，为百合科黄精属多年生草本植物。根茎横生，如嫩生姜，肥大肉质，黄白色，略呈扁圆形。茎直立，圆柱形，单一，叶状似竹而短，花白色。以地下根茎入药，主治心悸气短、肺燥干咳、久病津亏口干、体虚乏力、糖尿病、高血压等，有补脾润肺、益气养阴的功效。

（二） 生物学与生态学特性

多花黄精根状茎肥厚，通常连珠状或结节成块，直径1～2厘米。茎高50～100厘米，通常具10～15枚叶。叶互生，椭圆形、卵状披针形至矩圆状披针形，少数镰状弯曲，长10～18厘米，宽2～7厘米，先端尖至渐尖。花序具（1～）2～7（～14）花，伞形，总花梗长1～4（～6）厘米，花梗长0.5～1.5（～3）厘米；苞片微小，位于花梗中部以下，或不存在；花被黄绿色，全长18～

25 毫米，裂片长约 3 毫米；花丝长 3～4 毫米，两侧扁或稍扁，顶端稍膨大乃至具囊状突起，花药长 3.5～4 毫米；子房长 3～6 毫米，花柱长 12～15 毫米。浆果黑色，直径约 1 厘米，具 3～9 粒种子。花期 5～6 月，果期 8～10 月。

多花黄精在亚热带地区自然分布于海拔 500～2 100 米的山地。喜生于土层深厚、土壤肥沃、湿润、透光度 50%～60% 的林缘、灌丛或阴坡、谷地。耐寒、怕干旱，在排水、保水性能良好的地带生长旺盛。以肥沃透气性好的沙壤土生长最宜。

一年中，多花黄精的生长可分为 4 个时期：①营养生长期。从 3 月中旬至 4 月下旬，抽芽成苗，并进行光合积累。②营养生长与生殖生长并进期，从 4 月下旬至 6 月初。③生殖生长期。从 6 月初至 11 月下旬，果实形成并逐渐成熟，同时多余的光合产物累积至地下块茎中。④过渡期。从 11 月下旬至翌年 3 月初，地上部分枯萎，植株以块茎形式度过低温期。这一阶段也是收获足够年份成熟多花黄精的时期。

多花黄精自然分布于四川、贵州、湖南、湖北、河南（南部和西部）、江西、安徽、江苏（南部）、浙江、福建、广东（中部和北部）及广西（北部）。

（三）利用价值

多花黄精有效成分主要是多花黄精多糖、多

花黄精低聚糖和薯蓣皂苷元、毛地黄皂苷、拔葜皂苷元。多花黄精以根茎入药，具有补气养阴、健脾、润肺、益肾功能。以九制多花黄精、酒泡制多花黄精的药效最佳。多花黄精用于治疗脾胃虚弱、体倦乏力、口干食少、肺虚燥咳、精血不足、内热消渴等症。

（四）繁殖方式

多花黄精良种繁殖可采用有性（种子）繁殖和无性（根茎、组培、细胞培养）繁殖方式。

1. 种子繁殖　选择生长健壮、无病虫害的2～3年生植株作为采种母株。8～9月多花黄精浆果变黑后，种子成熟，可采摘。种子采收后，放入55℃左右温水中浸泡15分钟后，再用清洁冷水降温。随后将多花黄精种子拌3倍体积的经高锰酸钾灭菌的湿沙，放在（4±2）℃的温度下贮藏过冬，翌年春季（3月）播种。播种前，筛出种子，用清水冲洗后进行条播，按行距15厘米均匀植入发芽床细沟内，随后覆平细沟，用木板轻拍压实，浇透水后上盖一薄层碎秸秆。待苗高5～10厘米时，间掉弱苗，按株距6～8厘米定苗。幼苗培育1年即可出圃移栽。

2. 根茎繁殖　于晚秋10月下旬或早春3月下旬前后选1～2年生健壮、无病虫害的植株根茎，选取先端幼嫩部分，截成数段，每段3～4节，且带 1～2 个顶芽，伤口涂抹 0.5‰高锰酸钾溶液，以防病菌侵染。稍加晾干，按行距 22～24 厘米、株距 10～16 厘米、深 5～7 厘米挖穴栽种。林下种植时，水源方便之处，栽种前穴内可先浇水沉实底土，然后摆放切好的根状茎，以后每隔 3～5 天浇水一次，使土壤保持湿润。水源不便时，最好选择雨天来临前栽种。多花黄精栽培上忌氯，施肥时不宜用含氯复合肥，否则商品多花黄精口味不佳。

（五）栽培技术

1. 整地和栽植 选择海拔 500 米以上，郁闭度 0.4～0.6 的杉木人工林或其他人工林。土壤以质地疏松的壤土或沙壤土为宜，pH 5.2～6.5 为好。播种前根据林木株行距，在林间挖土成厢，土深 30 厘米左右。结合整地每 667 米^2 施农家肥 2 000～2 500 千克作基肥，然后将土、肥混合均匀后耙细、整平做畦，畦宽 1.2～1.4 米，并开深沟排涝，畦面浅开斜沟防渍水。

以春季（3 月）为栽植最佳季节。在整好的畦地上，按行距 25 厘米，株距 15～20 厘米进行挖穴栽植，每穴定植 1 株，覆土压紧，浇透水，再覆盖细土与畦床相平。有条件的，旱季进行喷灌或浇灌。林荫下土壤温度以 16～20 ℃为宜，超过 27 ℃生长受到抑制，气温超过 32 ℃地上部分易枯萎，根状茎失水皱缩干硬。

2. 栽后管理

（1）**中耕除草**　多花黄精在幼苗期杂草生长相对较快，为促进幼苗生长，防治杂草危害，要进行除草，具体时间可酌情选定。在除草松土时，注意宜浅不宜深，避免伤及多花黄精根系。严禁使用化学除草剂。在多花黄精生长过程中，也要经常清沟培土于根部，避免根状茎外露吹风或见光。

（2）**水肥管理**　多花黄精施肥应以有机肥为主，不施化肥或复合肥。基肥主要是厩肥、堆肥、饼肥等，定植前每 667 米^2 施腐熟饼肥 200 千克、厩肥 3 000 千克、堆肥 1 500 千克及骨粉肥。追肥可根据生长情况勤施、薄施，一般采用腐熟人粪尿或动物粪尿或沼气池液兑水浇施。多花黄精喜湿怕干，要经常保持林下润湿。但梅雨季节要做好排水措施，防止栽培地块积水，造成多花黄精根茎腐烂。

（3）**疏花摘蕾**　疏花、摘蕾是提高多花黄精产量的重要技术措施。开花结果使得营养生长转向生殖生长，漫长的生殖生长阶段将消耗大量营养，所以应该对以地下根状茎为收获目标的多花黄精在花蕾形成前期及时将其摘除，以阻断养分向生殖器官迁移，促使养分向地下根茎积累。

（六）采收与加工

1. 采收　种子繁殖的多花黄精，五年生时多糖含量最高，为最佳收获年限；当年 12 月至翌年早春，多花黄精萌发前根茎肥厚饱满，是最佳采收期。根茎繁殖的多花黄精在三年生时采挖为宜。

选择无雨、无霜冻的阴天或多云天气采收。采收时土壤相对含水率在 30％左右时，土壤最为疏松，容易与多花黄精根茎分离。

要求根状茎饱满、肥厚、糖性足，表面泛黄，断面呈乳白色或淡棕色。

2. 加工 起挖块茎时，按照多花黄精栽种方向逐行带土挖出，经短时风干，抖除泥土，不要伤根或去须根。产地加工前，不要浸水。加工时，削去须根，用清水清洗干净后，用蒸笼蒸 20 分钟左右至透心后，取出边晒边揉至全干即可。最后进行分级，以块大、肥润、色黄、断面半透明者为最佳。

四、淫羊藿

（一）简介

淫羊藿（*Epimedium brevicornum* Maxim）为小檗科淫羊藿属多年生草本植物。淫羊藿始载于《神农本草经》，历经2 000多年，是应用历史最悠久、用途最为广泛的中药之一。

（二）生物学和生态学特性

淫羊藿为多年生草本，植株高20~60厘米。根茎粗短，横走，质硬，须根多数。叶为二回三出复叶，基生或茎生，小叶9片，有长柄，小叶片薄革质，卵形至长卵圆形，长4.5~9厘米，宽3.5~7.5厘米，先端尖，边缘有细锯齿，锯齿先端成刺状毛。顶生叶基部深心形，对称；侧生小叶基部不对称楔形。叶片网脉显著，幼时上面有疏毛，开花后毛渐脱落；背面苍白色，光滑或疏生柔毛；基出7脉，叶缘具刺齿。花4~6朵成总状花序，花序轴无毛或偶有毛，花梗长约1厘米；基部有苞片，卵状披针形，膜质；花大，直径约2

厘米，黄白色或乳白色；花萼 8 片，卵状披针形，2 轮，外面 4 片较小，不同形，内面 4 片较大，同形；花瓣 4，近圆形，具长距；雄蕊 4，雌蕊 1，花柱长。蓇葖果纺锤形，长约 1 厘米，成熟时 2 裂。花期 5～6 月，果期 6～8 月。

淫羊藿亚热带和温带林地草本植物，喜阴，多为林下草本层的优势种。分布于黑龙江、吉林、辽宁、山东、湖南、湖北、四川、贵州、陕西、甘肃。常生于水青冈、松林、灌丛、沟谷等荫蔽度较大的地方，且多见于石灰岩发育的黄壤、棕壤或腐殖质较厚的岩石缝隙间。垂直分布于海拔 500～3 700 米的地带。

（三）利用价值

淫羊藿是多年生草本植物，可全草利用。含淫羊藿苷、植物甾醇、维生素 E 等成分。性辛、甘、温，属于温补类药物。药理研究表明，淫羊藿能增加心脑血管血流量，促进造血功能及骨代谢，具有抗衰老、抗肿瘤等功效，主治阳痿早泄、腰酸腿痛、四肢麻木、半身不遂、神经衰弱、健忘、耳鸣、目眩等症。主要用于补肾阳，强筋骨，祛风湿。

（四）繁殖方式

1. 种子繁殖

（1）种子的采收 淫羊藿种子的成熟期在 5

月中旬至 6 月上旬。果皮刚开口、种子外露呈褐色时，将果实摘下，随即脱粒，去杂质，保鲜贮藏。

(2) **种子的选择** 选择外形饱满、充分成熟、无病菌的种子。批量种子要求纯净度 80% 以上。优良种子标准是：千粒重 4.5～4.7 克，发芽率达 90% 以上。

(3) **种子的处理** 淫羊藿种子寿命短，采收后应立即播种。选好种子，用细河沙，或细河沙掺腐殖土，或腐殖土，与种子混合贮藏。方法是：先按基质重量的 1% 拌入 50% 多菌灵可湿性粉剂对基质进行消毒，堆闷 10 小时以上，然后将基质与种子以 3：1 的比例充分混合，装入木箱中，置于阴凉干燥处贮藏。其间，要保湿，防止发热、霉变等。如此，可贮藏 2 个月左右。

(4) **整地** 地势较平坦、土层深厚的沙壤土作育苗地。深翻 20 厘米，结合翻地每 667 米^2 施入腐熟有机肥 3 000 千克。翻耕拌匀后，按 1.2 米宽做床，床高 20 厘米以上。作业道宽 30 厘米。

(5) **播种** 9 月上旬，在床上横向挖 3～5 厘米深的浅槽，行距 10～15 厘米。用筛过的细腐殖土将槽底铺平，然后播种。播种后用筛过的细腐殖土覆盖 0.5～1 厘米，再覆盖一层落叶，以保持土壤水分。在播种前或覆土后一次性浇透水。播种量 10～15 克/米^2。

(6) **圃地管理** 春季，出苗前要保持床面湿润。出苗后，应撤除覆盖物，并及时浇水保湿。

雨季要疏通好作业道，防止田间积水。播种后至苗期，要及时除草，保持田间无杂草。淫羊藿为喜阴植物，1～2年生苗需荫蔽环境，遮光度保持60%～70%；3～4年生苗遮光度40%～50%为宜。林下栽植时，可通过修枝措施调整郁闭度。

2. 根茎繁殖 在冬季，采挖野生淫羊藿根茎作繁殖材料，选择发达粗壮、须根多，直径0.3～0.5厘米的根系。每段保留2个以上越冬芽，要求越冬芽饱满，无病虫害侵染。若当年不能定植，可在不积水的地方挖深、宽各80厘米的假植沟，将根茎置于沟底，摆一层茎盖一层湿沙，摆完后用湿沙覆盖，厚度为20～30厘米。

（五）栽培技术

山地林下种子育苗，应选择地势较平坦的缓坡地，将林下灌丛、杂草清理干净，适当间伐过密树木，使郁闭度保持在0.5～0.7。然后沿山坡等高线做宽1.2米、高20～25厘米的床，施好底肥，按平地育苗方法播种。林下根茎育苗，则将林下灌丛、杂草除净，沿等高线做成栽植带，按带宽30～50厘米将土壤刨松，将茎根按行距10厘米、株距6～7厘米的密度栽植好。

林下栽培的地块，每年至少要进行2次松土除草。第一次松土在出苗后进行，松土深度为3～6厘米，同时拔除苗间杂草；第二次松土在6月上旬进行，方法同第一次。移栽后第一年，可进行根外追肥，可分别在展叶后和绿果期进行。移栽第二年以后，除叶面喷肥外，还应进行侧根追肥。施追肥时间以秋季为主，即在植株枯萎、土壤冻结前进行，肥料以饼肥、过磷酸钙或腐熟猪粪为宜。淫羊藿既不耐旱，又不耐涝，因此应随时浇水和排水。淫羊藿病虫害少，主要是日灼病。遮阳调节光照度可避免此病发生。喷施或在植株基部浇灌壳聚糖液可提高植株抗病虫能力。

（六）采收与加工

1. 采收　采收时间为 6 月下旬至 7 月下旬。采收时，用镰刀割取地上部茎叶，去粗梗扎成小捆，边割边捆，当日运回晒场。割取茎叶时，切勿将刀割入土中，以防伤及根茎；切勿连根拔起，以免影响翌年生长。

2. 加工　采收的新鲜淫羊藿茎叶，不能用水清洗，用手掐住茎基部分，抖落或清除杂草、异物及病残植株。然后，捆成小把挂于荫棚内阴干。荫棚要设在干燥通风处。切忌在阳光下暴晒或晚间置户外结露，否则，产品外观质量变差。也可使用远红外烤房烘干。干品含水量以 14% 以下为宜。

用药配伍时，一次用量 6～12 克，宜研末制丸，或与锁阳、南酸枣等浸酒服，或加南酸枣、生姜等炖服。

五、 白及

（一） 简介

白及 ［（*Bletilla striata* （Thunb.） Rchb. f.）］为兰科白及属多年生草本植物。根呈白色，数个相连，故名白及或白根，别名紫兰，地方名叫地螺丝、刀口药、连及草。自然分布于我国秦岭、淮河以南及日本等地。

（二） 生物学与生态学特性

白及为多年生草本，高 18～60 厘米，假鳞茎扁球形、卵形，有时为不规则圆筒形。上面具荸荠似的环带，富黏性。有线状须根。茎粗壮，叶 4～6 枚，阔披针形至长圆状披针形，长 8～29 厘米，宽 1.5～4 厘米，全缘，上端渐狭窄，基部收狭成鞘并抱茎。总状花序顶生，花 3～10 朵，不分枝或极少分枝。花序轴或多或少呈"之"字状曲折。花苞片长圆状披针形，长 2～2.5 厘米，开花时常凋落；花大，紫红色或粉红色；萼片和花瓣近等长，狭长圆形，长 2.5～3.0

厘米，宽0.6～0.8厘米；花瓣较萼片宽；唇瓣较萼片和花瓣短，倒卵状椭圆形，长2.3～2.8厘米，白色带紫红色，具紫色脉；唇盘上面具5条纵褶片；雄蕊与花柱合成一蕊柱，蕊柱长1.8～2.0厘米，具狭翅，稍弓曲，和唇瓣对生。花粉块长圆形。花期4～5月，果期7～9月。蒴果圆柱状，长约3.5厘米，直径约1厘米，有纵棱6条，种子微小，多数。蒴果发黄时即须采收，否则开裂飞散。果熟后，植株地上部分逐渐枯萎。

白及喜温暖、湿润、阴凉的气候环境，常生于丘陵、低山溪谷边、荫蔽草丛中或林中湿地。喜肥沃、疏松且排水良好的沙壤土。

白及分布于陕西南部、甘肃东南部及江苏、安徽、浙江、江西、福建、湖北、湖南、广东、广西、四川和贵州等地海拔100～3 200米的常绿阔叶林下或针叶林下、路边草丛或岩石缝中。朝鲜半岛和日本也有分布。

（三）利用价值

1. 药用 白及块茎含有甘露聚糖、淀粉等成分，白及干燥块茎味苦、甘、涩，性微寒，具有收敛止血、消肿生肌等功能。主要用于止血、保护胃黏膜、抗细菌和真菌、防癌且抗癌、替代血浆及预防肠粘连等。主治肺结核咳血、支气管扩张咯血、胃溃疡吐血、尿血、便血等症；外用治外伤出血、烧烫伤、手足皲裂等症。

2. 观赏 白及花玫瑰紫色，在翠绿叶片衬托下，端庄优雅，作庭院点缀，十分相宜。引种于半阴的假山中，或成片、成丛种植于稀疏园林里，颇增灵性。盆栽于室内，亦有赏心悦目的效果。还可作切花材料，供插花装饰。

3. 作黏合剂 白及的假鳞茎，含有胶质和淀粉、挥发油等，黏性较强，是极好的糊料。假鳞茎中提取的白及胶，可作悬浮剂或乳化剂，在制药工业上可以替代阿拉伯胶作黏合剂。纺织上可用作浆丝、浆纱原料。

（四）繁殖方式

1. 分株繁殖 于春季2~3月或秋季9~10月收获时，选择当年具有老秆和嫩芽、无虫害的假鳞茎作种。将假鳞茎分切成小块，切面力求平滑，每块至少带1~2个芽，切口晾干或蘸草木灰后栽种，尽量不要损害假鳞茎表皮和隐芽。在整好的畦面上开沟，沟深10厘米，按行距25~30厘米，株距8~10厘米定植，芽向上，覆土，浇水。

2. 组织培养 白及种子量大，每个蒴果有上万粒种子，通过组培诱导白及种子萌发是白及种苗扩繁较为有效的方法。在超净工作台上，将细粒白及种子散落于装有 PDA 等培养基的灭菌三角瓶里，在 25 ℃光照度约 10 000 勒克斯的条件下密封培养。见绿后，每隔 10 天左右转瓶一次，共转瓶 4～5 次。长根后，即可炼苗、移栽。

组培苗出瓶最佳状态：有假鳞茎，且假鳞茎直径在 0.3 厘米以上；苗高 5 厘米，具有 3～5 片叶，叶色正常；有 3～5 条根，根粗壮，长 2～3 厘米；适合白及组培苗炼苗的基质配比为腐殖土 5：珍珠岩 2：蛭石 2：河沙 1。

（五）栽培技术

1. 圃地选择与整理　选择海拔 200～1 500 米，郁闭度 0.4～0.6 的人工林内疏松肥沃、富含腐殖质、温暖潮湿、排水良好的沙壤土。离树蔸 50 厘米外空穴处，将土地深耕 20 厘米以上，按 4 千克/米²左右的标准施腐熟有机肥，整细耙平。清除树根和草根等杂物，并烧制成火土灰，覆盖于土壤表面。

2. 栽培方法　将整理好的圃地按实际情况起畦，畦的大小不求规整，可根据林下树木个体排列情况而定。但畦间要留足步道和排水沟。栽植时按株行距 25 厘米×25 厘米开穴，穴深 10 厘米，将带嫩芽的块茎嘴向外置于穴底，每穴按三角形排放 3 个，然后用火土肥压实。

3. 田间管理

（1）**中耕除草** 白及种植地块，每年须除草 6 次左右，第一次在出苗前，第二次在 4 月进行，第三次在 5 月底至 6 月初进行，第四、五、六次分别在 7、8、9 月进行。每次除草时，都要疏通地沟，并将沟泥填洒在畦上。

在栽培的第三年除草次数可显著减少。第三年人工除草 2～3 次，第四年除草 1～2 次，10 月之后即可采收。整个栽培管理期应免施化学除草剂，否则对块茎和芽都会造成伤害，甚至致其死亡。

（2）**追肥** 白及喜肥，最好施用有机肥。施肥方法是冬季在畦上撒施 2～2.5 厘米厚的有机肥。施肥后产量明显提高。

（3）**排水灌溉** 白及喜湿怕涝。长时间干旱，要于早晚浇水保湿。短时间渍水并无大碍，但长时间处在低洼渍水地则长势不好，甚至萎蔫凋亡，因此须及时排涝。

（六）采收与加工

白及种植后第四年，9～10 月地上茎枯萎时，起挖块茎，去掉泥土，洗净加工。将块茎单个摘下，选留新秆的块茎作种用，剪掉茎秆，在清水中浸泡 1 小时后，人工或用专用设备洗净泥土，放沸水中煮 5～8 分钟，取出烘干。用竹筐撞去残留须根，使表面呈光洁淡黄白色，筛去杂质。一般每 667 米^2 产鲜品 800～1 000 千克，可加工干品 200～300 千克。以个大、饱满、色白、半透明、质坚实者为佳。通常制成白及干、白及粉和白及胶等产品。

六、 金线莲

（一） 简介

金线莲 [*Anoectochilus roxburghii* （Wall.）Lindl.] 为兰科开唇兰属多年生草本植物。素有"药王""金草""神草"等之称，具有多种保健和治疗功效，经济价值较高。适合林下阴凉、湿润环境生长，又可作盆景赏玩。

（二） 生物学与生态学特性

金线莲为多年生草本植物，高 4～20 厘米。根状茎匍匐伸长，呈圆柱形，肉质，长 1～5 厘米，茎节明显，表面棕褐色。下部聚生 2～4 片叶，叶互生，宽卵形，长 1.5～3.5 厘米，宽 1～3 厘米。上表面黑棕色，下表面暗红色，部分叶脉紫红色，叶柄基部鞘状抱茎。总状花序顶生，具 3～6 朵疏散的花，花暗棕色。花茎高约 15 厘米，红褐色，被毛，下部疏生 2～3 枚鞘状苞片；花苞片卵状披针形，长 1 厘米，宽 3.5 毫米，背面被毛。蕊柱短，长 2 毫米；花药卵形，长 4 毫米；花粉团 2 个，具短柄，末端共同具1枚披针形黏盘；柱头2个，离生，位于蕊喙基部两侧。子房圆柱形，扭转，被毛，连花梗长1.5厘米。花期10～11月。蒴果矩圆形，香气特异，味淡。

金线莲属植物有30多种，一般分布在海拔300～1 200米的丘陵地，我国福建、广东、广西、海南、四川、贵州、云南均有野生金线莲。金线莲性喜阴凉、潮湿，尤其喜欢生长在有常绿阔叶树木的沟边、石壁及土质松散的潮湿地带，忌阳光直射，最适散射光照度为3 000～6 000勒克斯。环境温度20～32℃，空气相对湿度70%以上生长最好。喜透水性良好、中性或偏酸性黄壤土。

（三） 利用价值

金线莲有清热凉血，除湿解毒，生津养颜，调和气血、五脏，益寿延年的功用。且具有保护肝脏，抗乙型肝炎病毒（HBV），抗肿瘤，降血糖、降血脂、降血压等功效，利尿、镇静、止痛，对小儿哮喘、炎症、重症肌无力、遗精、风湿性及类风湿性关节炎、毒蛇咬伤等均有疗效。金线莲株型小巧，叶片金黄色，叶脉呈网状排列，观赏价值高，是优良的室内盆栽植物。

（四） 繁殖方式

1. 种子繁殖 种子在授粉后第40～50天成

熟，为采收播种适宜期。金线莲种子不具胚芽、胚根和子叶等构造，自然发芽率很低。种子在配方为 1/2MS＋6－BA 1.0 毫克/升＋NAA 1.0 毫克/升的培养基上萌发后形成原球茎，原球茎可以直接发育成幼苗。也可以由原球茎产生愈伤组织，再由愈伤组织发育成类原球茎并分化成幼苗。

2. 组织培养 目前金线莲组织培养多以带节茎段、茎尖作外植体。不定芽诱导的培养基配方为 MS＋6－BA 0.5 毫克/升＋NAA 0.5 毫克/升。培养基上的外植体在温度 23 ℃，光照度 3 000～3 500 勒克斯，光照时间 12 小时的条件下可形成愈伤组织，并长成丛生芽。添加 0.15％的活性炭能够有效增殖侧芽。金线莲生根培养基中添加香蕉泥或马铃薯泥，可以获得较好的生根效果。

组培苗移栽前，先置于阴凉通风处炼苗 1～2 周，继而洗净根状茎上黏附的琼脂培养基，并用 50％多菌灵可湿性粉剂 400 倍液消毒 10 分钟，然后选取粗 0.15 厘米左右，株高 6 厘米以上，2～3 条根的壮苗，先于室内假植 15 天左右（盖上薄膜保湿），再移植于室外荫棚或野外栽培基地。往室外移植时，用 50 毫克/升 NAA 处理 15 分钟或 50 毫克/升 ABT 处理组培苗基部 30 分钟，有利于提高移栽存活率和净重。

（五）栽培技术

1. 选地筑床 在山地人工栽培时，选择海拔 400

米以上、郁闭度 0.6～0.8 的常绿阔叶林或针叶林，水源便利，结构良好的林间酸性土壤。在林隙中做畦，畦的形态和长宽可根据林中具体情况确定，不必强调整齐划一。为便于操作和管理，畦宽不宜大于 120 厘米。畦面土壤尽可能碎细，土壤粒径控制在 0.5 厘米以下。也可在栽培土壤中掺入 30%～50% 泥炭土。

2. 栽植方法 金线莲栽植宜浅不宜深，栽后覆盖干净苔藓，株行距（5～10）厘米×（5～10）厘米，即每平方米种植约 200 株。种植后要立即浇定根水以确保成活率。春季 4～5 月种植，当年即可收获。

3. 施肥、管理 金线莲种植后，施肥种类应以缓效性的有机肥料为主。可用猪、牛、马粪或黄豆粕等经发酵后的稀释液作叶面肥喷施。在肥液中加少量硫酸亚铁喷施可保叶色浓绿而富有光泽。在生长季，每半个月还可用 0.3% 的尿素加 0.2% 的磷酸二氢钾溶液喷施叶面，连喷 4 次。高温、通风不良、强直射光等条件下，金线莲的抗性降低，易感生理病害或病虫害，因此应避免上述危害因素。

（六）采收

金线莲苗的品质可依据茎秆粗细和硬度及茎秆上的节数和节间距判断。节间越短越好。同样粗细的情况下，苗越高品质反而越差。一般在定植后 8 个月采收较适宜，此时金线莲株高 9 厘米左右，5～6 片叶，单株鲜重 4 克左右。

七、三七

（一）简介

三七 ［*Panax notoginseng*（Burk.）F. H. Chen］为五加科人参属多年生草本植物。在我国已有400多年的栽培历史，具有"金不换""南国神草"之美誉。云南白药、血塞通等多种中成药均以其为主要成分。

三七块根和花均可入药，内含人参皂苷 Rb_1、Rg_1、Rg_2、R_a、Rb_2、R_b 和 R_e，还含有黄酮苷、淀粉等多种成分，其中人参皂苷类是三七的主要活性物质。临床应用证明，三七有止血、活血化瘀和补血的功效，具抗心律异常、降血压和防血栓的功能，还有抗炎、消肿止痛、保肝、抗纤维化和改善肾功能的作用。由于三七同为人参属植物，而它的有效活性物质又多于人参，因此被药物学家称为"参中之王"。清朝药学著作《本草纲目拾遗》中记载："人参补气第一，三七补血第一，味同而功亦等，故称人参三七，为中药中之最珍贵者。"

（二）生物学与生态学特性

三七系多年生草本，高达 60 厘米。根茎短，粗壮肉质，倒圆锥形或短圆柱形，长 2～5 厘米，直径 1～3 厘米；具有老茎残留痕迹，干时有纵皱纹；块根附数条侧根，外皮黄绿色至棕黄色。三七的叶为掌状复叶。一年生三七一般仅具一片掌状复叶，每枚有 5 片小叶；二年生三七一般有 2～3 枚掌状复叶，每枚有 5 片小叶；三年生三七一般有 3～5 枚复叶，少数更多，每枚有 7 片小叶。掌状复叶通常轮生于茎顶，少数有二级轮生。小叶纸质，深绿色，卵形或披针形，羽状脉，叶正面沿叶脉着生许多白色刚毛，叶缘呈锯齿状。伞形花序单个顶生，花序梗长 20～30 厘米。花小，黄绿色；花萼 5 裂；花瓣、雄蕊皆为 5 个。花期 6～8 月，果期 8～10 月。三七的果实为核状浆果，肾形或球形，少数为三桠形。肾形果实有种子 1～2 枚，三桠形果实有种子 3 枚。未成熟的果实为绿色，逐渐变为紫色、朱红色，最后变为鲜红色，极个别为黄色，有光泽。二年生三七开始开花结果，种子成熟的时间在 10 月以后，通常二年生三七开花、结果、成熟较晚，三年生以上则开花、结果、成熟较早。

喜温暖而阴湿的环境，忌严寒和酷暑。偏好疏松、微酸性和钙、镁含量较高的红壤或棕红壤。

年平均气温以 16.0～19.3 ℃为宜。生长期间气温超过 30 ℃，则植株易发病。

其传统的人工栽培区局限于中国西南部海拔 1 500～1 800 米，北纬 23.5°附近的狭窄地带，广西、云南等地为原产地和主产区。野生者极少见。目前，由于需求增加，人工栽培范围已扩展至北纬 23°～30°，海拔 800～2 000 米。适宜栽培区域大致满足≥10 ℃年积温 4 200～5 900 ℃，年降水量 900～1 300 毫米，无霜期 280 天以上等气候条件和 pH 5.5～7 的中性偏酸性沙壤土等土壤条件。

（三）利用价值

三七性温、味辛，具有散瘀止血、消肿定痛的功效，主治咯血、吐血、便血、崩漏、外伤出血、胸腹刺痛、跌扑肿痛等。其黄酮类化合物具有改善心肌供血、增加血管壁弹性、扩张冠状动脉的功效，对冠心病、心绞痛有预防和治疗作用。所含谷甾醇和胡萝卜苷能降血脂。

（四）育苗技术

三七种子黄白色，卵形或卵圆形渐尖。种皮厚而硬，为软骨质，有皱纹，种子长 5～7 毫米。果实成熟时种子内的胚不发育，故果实采收后，需脱去果皮，将种子进行沙藏处理，经 70～100 天的休眠期，胚才逐渐发育成熟。三七种子经过沙藏处理至发育成熟，萌发温度为 5～20 ℃，最适温度为 15 ℃。

在沙壤土上筑畦。畦宽 1.2 米左右，高 25～30 厘米，排水沟宽 35 厘米，深 30 厘米以上。苗床按每 667 米² 2 000 千克的量施入腐熟有机肥，并混合均匀。按纵横 5～6 厘米间距设置播种穴，穴直径 2 厘米，深 3 厘米。可做成模具，在苗床上按压布穴后播种，每穴用种 1～2 粒。最后在苗床上搭遮阳棚，使透光率在 40%～50%。

三七播种后，一般 3～4 月发芽出苗。种子萌动后，经 10～15 天，幼叶逐渐展开，形成一个掌状复叶。幼苗生长 45 天后，叶片逐渐增大。一年生三七苗，供移植栽培用。起苗后不宜久藏，应随移随栽才能确保存活率。

起苗时，要选择长势良好、无病害的苗。用竹片等工具插到根的最深处，然后用手捏住苗根，轻轻抖动，可减少对根部的损伤。要特别对苗根进行保湿，并剪去根颈 4 厘米以上茎叶防止水分蒸发。

（五） 栽培技术

1. 选地和栽植 选择海拔 800 米以上，郁闭度 0.5～0.7 的杉木林或核桃人工林，坡度不超过

35°。清理地面杂物，深挖 20～25 厘米，细碎整平，用生石灰消毒。沿等高线整成畦形，宽 1.0～1.2 米，长度视地形而定，超过 10 米则开挖横沟，畦沟深 25 厘米，宽 35 厘米。阴天或午后，每隔 20 厘米间距，开挖深 10 厘米的条沟，将种苗芽头向下倾斜 20°，保持根系舒展，盖土 3 厘米左右。株距约 25 厘米。栽好后浇透水，再用落叶或稻草等覆盖。

2. 田间管理 在干旱季节，要经常喷雾浇水，保持畦面湿润。但不能泼淋，否则易使植株倒伏。大雨过后，要及时疏通积水，防止根腐病及其他病害（如黑斑病）的发生。

3. 摘蕾、疏花和护果 当三七花梗长到 3～5 厘米长时将其摘除，可大幅提高块根质量。在留种田，于开花期，疏掉中心花蕾 1/3 的花序，可确保三七果实和种子品质和产量良好。

4. 除草保洁 应及时人工拔除林下三七种植区的杂草，清除病株残体。拔除的杂草应远离种植区焚烧或深埋。

5. 病虫害防治 由于栽培年限长（一般 3 年以上），且环境荫蔽、高湿，故三七易发病。主要病害有黑斑病、圆斑病及根腐病。无公害防控的主要措施是确保排水通畅，另可定期喷施壳聚糖类免疫增强剂，以提高三七自身免疫力。用 2% 阿维菌素乳油 2 500 倍液喷雾，每隔 2 天防治一次，连续 2 次，可防治红蜘蛛等。

（六）采收

种植后第三年冬季 12 月至翌年 1 月是适宜采收季节。这时，三七的茎叶都已经枯萎，去除枯萎的茎叶，用镐头将埋在地下的三七根茎轻轻挖出，以免损伤根部。去须根，曝晒至半干后，用手搓揉，再曝晒。如此重复数次，即可存于麻袋中。再在麻袋中加粗糠或稻谷往返冲撞，使外表呈棕黑色光亮，即为成品。

商品三七以身干、个大、体重、质坚、表皮光滑、断面灰绿色或灰黑色者为佳。

八、 钩藤

（一）简介

钩藤 [*Uncaria rhynchophylla* (Miq.) Miq. ex Havil.] 为茜草科钩藤属植物。《中华人民共和国药典》（第一部）中收录的 5 种钩藤类植物均可入药，分别为钩藤、大叶钩藤 (*Uncaria macrophylla* Wall.)、毛钩藤 (*Uncaria hirsuta* Havil.)、华钩藤 [*Uncaria sinensis* (Oliv.) Havil.] 或无柄果钩藤 (*Uncaria sessilifructus* Roxb.)。钩藤性味甘、凉，茎钩具有镇静、清热平肝、息风定惊的功效；其根具有舒筋活络、清热消肿的作用，可以治疗关节痛风、半身不遂、癫痫、水肿、跌打损伤等。钩藤以野生为主，为了保护发展钩藤资源，可结合国家退耕还林工程、石漠化综合治理工程规模化栽培钩藤。

（二）生物学和生态学特性

钩藤属常绿木质藤本植物，别名倒挂金钩。高可达 10 米。茎枝呈圆柱形或类方柱形，有细纵纹。节上生有向下弯曲的双钩或单钩，钩下有托叶痕。茎枝质硬，茎断面有黄白色髓部。小枝四棱柱形，节上有毛；叶腋有钩状变态枝，钩长 1.5～2.5 厘米，幼时被毛，老时光滑。单叶对生，薄革质，椭圆形至倒卵状矩圆形，基部短尖或钝，上面光滑，下面稍带粉白色。头状花序生于叶腋或枝顶，总花梗中部或中部以下着生 4～6 枚苞片；花瓣 5，花冠白色或淡黄色，仅裂片外面被绢毛。蒴果纺锤形。花期 6～7 月，果期 10～11 月。种子千粒重 0.03 克，干藏一年，发芽率 6%，湿沙混藏，发芽率 62%。发芽最适温度 24～28 ℃。我国钩藤种类较多，多分布在湿润的南方地区，如广西、云南、广东、四川、贵州、安徽、浙江、江西、福建、湖南及湖北等地。

钩藤适应性较强，喜温暖、湿润、光照较充足的环境，在土层深厚、肥沃疏松、排水良好的酸性土壤上生长良好。常生长于海拔 1 000 米以下的山坡、丘陵地带的疏生杂木林或林缘向阳处。

（三） 利用价值

现代医药学研究证实，钩藤的钩、茎、叶含钩藤碱、异钩藤碱、异柯诺辛因碱、柯南因碱、二氢柯南因碱、硬毛帽柱木碱。对小儿惊悸，成人血压偏高、头晕、目眩等疾病有显著疗效。钩藤是重要的心脑血管疾病的原料药物，可明显改善血管内皮结构和功能，抑制血管内皮衰老速度，降低血压。具有一定的抗焦虑、抗癫痫和保护中枢神经系统的作用。对脑中风、精神分裂症有一定疗效。

（四）繁殖方式

1. 种子繁殖　钩藤育苗地以土层深厚、疏松、腐殖质含量高、湿润且排水好的壤土和沙壤土为宜。种子繁殖时，在10～11月采收成熟的黄褐色果实，然后晾干，搓出种子。播种前，浸种12小时可提高发芽率。播种前开沟施肥，播种时采取条播方式，播种后盖上火土灰和细土。翌年春天种子出苗，出苗后控制株距20～25厘米。中间做好施肥、除草、松土等管理工作。第二年苗子可达40～60厘米，年底或第三年春天即可定植。钩藤地下根粗壮发达，根部前段可自然萌发出小芽，但数量较少。

2. 扦插和分蘖繁殖　取钩藤二年生枝条，用浓度200毫克/升的NAA溶液处理，或用浓度1 000毫克/升的ABT溶液处理后，进行扦插，成活率达50%以上。春季选择生长健壮的植株，在其周围用锄头把根锄伤，可促使不定芽萌发。经过细心管理后，一年即可分株定植。

3. 组织培养　毛堂芬等以钩藤成熟种子为外植体进行组织培养，采用B_5＋活性炭的培养基，可使钩藤种子萌发整齐且长势良好。随后将无菌苗切成带腋芽的小茎段，在 B_5 ＋6－BA 2.0 毫克/升＋NAA 0.2 毫克/升＋0.2％活性炭培养基中进行增殖，10 天后可增殖 2～5 倍。将带芽的植株（高 1.5 厘米左右）转入 B_5 ＋NAA 0.2 毫克/升＋活性炭 0.2％培养基中进行生根培养，20 天后，幼苗可长出 3～6 条根，生根率 90％以上。炼苗用的基质选用腐殖土：蛭石＝1：1，移栽一周后喷施 1/2MS 营养液。移栽成活率 85％以上。

除了用成熟种子作为外植体进行组织培养，用钩藤的枝条和带芽茎段作为外植体也可获得组培苗。其出芽诱导培养基为 MS＋6－BA 0.2 毫克/升＋NAA 0.1 毫克/升＋IBA 0.2 毫克/升，不定芽增殖最佳培养基为 MS＋6－BA 2.0 毫克/升＋NAA 0.2 毫克/升，生根最佳培养基为 1/2MS＋NAA 2.0 毫克/升＋活性炭 0.03％。

（五）栽培技术

1. 选地与栽植 选半阴半阳的荒山坡、林边空地或采伐迹地，以土层深厚、肥沃、疏松，有灌溉条件的微酸性沙质土为宜。定植前按株行距1.5 米×2 米开穴，穴大小为 40 厘米×40 厘米×30 厘米，穴中施入腐熟有机肥 0.25 千克，与土拌匀，并用表层土回填。

2. 移栽　以 11 月至翌年 3 月为宜，选雨后晴天或阴天进行。当天起苗后，打泥浆。苗木运至种植地，当天即栽完，当天无法栽完的苗木应进行假植。因钩藤是浅根系植物，栽植不宜过深（10 厘米左右即可）。定植返青后及时除草。清明后钩藤开始萌发新枝，到秋分时将枝顶剪除，即"打顶"。冬季结合采收剪除枯枝、病枝。

3. 病虫害的无公害防治　蚜虫多发生于 4~5 月幼苗长出嫩叶时，或 7~8 月，为害植株顶部嫩茎叶。可于田间设置黄板，上涂机油或其他黏性剂，吸引蚜虫并消灭。还可用诱虫灯对害虫进行物理诱杀。

（六）采收

在 10 月至翌年 1 月，枝条中钩藤碱的含量较高，是采收的最佳时期。采收后，去叶，切段，剪成 2~4 厘米的带钩茎枝，置锅内蒸片刻或于沸水中略烫后取出晒干，使色泽变紫红、油润光滑。钩藤经蒸或烫后，总生物碱含量与直接晒干的基本一致。

钩藤应贮存于干燥通风处，要求温度 30 ℃以下，相对湿度 65%~75%，商品钩藤安全水分不得超过 10%。

九、 三叶崖爬藤

（一） 简介

三叶崖爬藤（*Tetrastigma hemsleyanum* Diels et Gilg）又名三叶青、蛇附子、金线吊葫芦，为葡萄科崖爬藤属草质藤本。全草均可入药。味甘、性凉，具有滋补功效，属极品。三叶崖爬藤药用价值的好坏不在于其大小，而在于生长年限和适宜的采挖时间。每年冬至到惊蛰期间（休眠期），选择生长期 3 年以上的三叶崖爬藤块根进行采摘，此时的药用效果最好。

（二） 生物学与生态学特性

草质藤本。小枝纤细，有纵棱纹，无毛或被疏柔毛。卷须不分枝，相隔 2 节间断与叶对生。叶为 3 小叶，小叶披针形、长椭圆披针形或卵披针形，长 3～10 厘米，宽 1.5～3 厘米，顶端渐尖，稀急尖，基部楔形或圆形，侧生小叶基部不对称，近圆形，边缘每侧有 4～6 个锯齿，锯齿细或有时较粗，叶两面光滑；侧脉 5～6 对，两面网脉不明显；叶柄长 2～7.5 厘米，中央小叶柄长 0.5～1.8 厘米。花序腋生，长 1～5 厘米，聚生呈伞形；花蕾卵圆形，高 1.5～2 毫米，顶端圆形；花萼碟形，萼齿细小，卵状三角形；花瓣 4，卵圆形；雄蕊 4，花药黄色；花盘明显，4 浅裂；子房陷在花盘中呈短圆锥状，花柱短，柱头 4 裂。果实近球形或倒卵球形，直径约 0.6 厘米，有种子 1 粒；种子倒卵椭圆形，顶端微凹，基部圆钝。花期 4～6 月，果期 8～11 月。块根呈纺锤形、卵圆形、葫芦形或椭圆形，一般长 1.5～6 厘米，直径 0.7～2.5 厘米。块根表面棕褐色，多数较光滑，或有皱纹和少数小瘤状隆起。

三叶崖爬藤喜凉爽气候和阴湿环境，抗病，少虫害，耐寒、耐旱，忌积水。栽植成活率高，生长速度快。对土壤要求不严，喜含腐殖质丰富的石灰质壤土。

三叶崖爬藤自然分布于湖南、湖北、江西、江苏、浙江、福建、台湾、广东、广西、四川、贵州、云南、西藏。着生于海拔 300～3 000 米的山坡灌丛、山谷及溪边林下石缝中。

（三）利用价值

三叶崖爬藤性平，味微苦，具有清热解毒、祛风化痰、活血止痛等功效，主治毒蛇咬伤、扁桃体炎、淋巴结结核、跌打损伤、小儿高热惊厥等。也可用于乙型脑炎、病毒性肺炎、黄疸型肝炎、急性气管炎、肺炎、咽喉炎、肠炎、胆道感染及眼睑蜂窝织炎等感染性疾病的治疗。三叶崖爬藤黄酮类化合物具有一定的抗肿瘤细胞增殖作用。有临床试验表明，其预防和治疗癌症总有效率达 78.3%。

（四）繁殖方式

1. 扦插繁殖　于春、夏季进行扦插。苗床可使用泥炭土和蛭石的混合基质。选择健壮枝条，剪成长 12～15 厘米的插穗，斜插入苗床，入土深度为枝条的 2/3，插后压紧，喷雾保湿。扦插后 30～40 天，长根出叶时即可定植。

2. 组织培养　愈伤组织诱导和增殖培养基为 6 - BA 0.5 毫克/升＋NAA 0.1 毫克/升的 MS 培养基，最佳生根培养基为 MS＋IBA 0.5 毫克/升。生根的三叶崖爬藤经炼苗后移栽于蛭石、泥炭土、珍珠岩的混合基质中，30 天左右即可成苗。

（五）栽培技术

选择郁闭度 0.6 左右的人工林地，土壤最好为壤土、沙壤土或轻黏性土。清除杂灌木后，按行株距 1.0 米×1.0 米开穴，穴规格为 50 厘米×50 厘米。每穴施有机肥 3～5 千克，与穴中土壤混合均匀后，每穴栽 2～3 株，浇足定根水，并埋土成龟背形。当藤蔓长到 50～60 厘米时，可引蔓至树干自然攀援。每年中耕除草 3～4 次，并松土、培兜。冬季适当剪去过密弱枝和枯枝。

管理中，保持适当的土壤湿度有利于块根生长，太湿则只长藤不长块根。因此，暴雨后，应注意及时疏通水道排涝。

（六）采收与加工

1. 采收　于冬至到惊蛰期间，选栽培 3 年以上 8 年以下三叶崖爬藤，割除地上部分，顺兜采摘块根。此时块根个体饱满不皱皮，表皮呈金黄色或褐色，肉质呈银白色，淀粉含量 70% 以上，药用效果最好。生长周期超过 8 年的，块根表皮颜色呈红色，药材品质次于前者。

2. 加工　清水洗净，除去杂质，置于阴凉、通风干燥处阴干或晾干后，埋入干净干燥的细沙中，或在具备透风除湿设备的仓库中，存于货架上。货架与墙壁距离不得少于 1 米，底板离地面距离不得少于 50 厘米，并定期检查与翻晒。

有条件的可采用真空冷冻工艺干燥块根或叶片，这对长期保留三叶崖爬藤药用活性成分最为有效。

十、 黄连

（一） 简介

黄连为毛茛科植物黄连（*Coptis chinensis* Franch.）、三角叶黄连（*Coptis deltoidea* C. Y. Cheng et Hsiao）或云连（*Coptis teeta* Wall.）的干燥根茎。以上三种分别习称味连、雅连、云连，具有清热燥湿、消火解毒的功效。由于黄连具有重要的药用价值，又是历史悠久的传统中药，自然生长的黄连属植物长期遭受过度采挖，生境遭到极大破坏，大多处于濒危状态。因此，我国已将野生黄连列为二级濒危保护植物。而按《世界自然保护联盟濒危物种红色名录》的濒危等级和标准判定，黄连属多种植物（除分布于台湾地区的五叶黄连外）已达濒危一级程度。因此，发展黄连林下栽培具有多重意义。

（二） 生物学和生态学特性

黄连高 20～30 厘米，为浅根系植物。根茎呈连珠状的结节向上生长。植株根系水平分布 35 厘米左右，垂直分布 10 厘米以下。根茎弯曲成钩状，表面深黄色，皮质粗糙，多为单枝结节状，体细小，质硬易断，断面金黄色而不整齐，髓部中空；节间密，节部密生多数须根，并长出觅养枝，觅养枝节间长 1.5～2.5 厘米，由此沿地面枯枝落叶层或腐殖质层匍匐蔓延。4 月为新叶盛发期，叶芽呈二叉分枝，混合芽为合轴分枝，叶面主脉及侧脉上有锥状微毛。8～10 月花芽分化，其顺序为花蕾、雄蕊、花瓣、雌蕊。1 个果实内含有 4 粒左右成熟种子。种子棕褐色，长椭圆球形并稍有弯曲，表面有纵向条状花纹。开花结实期，根茎小檗碱含量最低，以后逐渐升高，至 10 月达最大值。五年生黄连小檗碱含量最高。

黄连为半阴性植物，适应性强，自然分布于湖南、贵州、重庆、四川、云南等地海拔 600～3 400 米多种类型森林中。其中，味连栽培区海拔 1 200～1 600 米。幼苗在郁闭度 0.8，光照度 1 500～4 000 勒克斯的林下生长良好。苗龄越大，要求光照度稍高。在磷、钾含量丰富，富含腐殖质的中性至微碱性泥质紫色森林土上生长良好。这种土壤生产的黄连色泽好、折干率高。在花岗岩、花岗片麻岩、片麻岩、砂页岩及粉砂质泥岩发育而成的偏酸性（pH 4.1～5.2）黄棕壤、棕壤和暗棕壤上也表现良好。土壤一般要求：土壤剖面发育好，枯枝落叶层较厚，腐殖质层发达，为沙壤至黏壤，粒状、核粒状结构，理化性能较好，自然肥力高。

黄连喜冷凉，忌高温，在-18℃的低温条件下可正常越冬。栽培区年平均气温10℃左右，7月绝对最高气温不超过31℃，平均21℃左右；1月平均气温-4～-3℃；无霜期170～220天。降水量1 200～1 600毫米，年均相对湿度85%以上。

（三）利用价值

黄连属植物全株均含小檗碱等5种生物碱，且含量在3.9%以上（云连高达8%）。黄连具有清热燥湿、泻火解毒作用。用于湿热痞满、呕吐吞酸、泻痢、黄疸、高热神昏、心火亢盛、心烦不寐、目赤、牙痛、消渴、痈肿疔疮；外治湿疹、湿疮、耳道流脓。酒黄连善清上焦火热，用于目赤、口疮；姜黄连清胃和温胃止呕，用于寒热互结、湿热中阻、痞满呕吐。

（四）栽培技术

1. 种子处理　黄连主要用种子繁殖。立夏前后，选择四年生以上黄连植株，当蓇葖果出现裂痕，种子变成黄绿色时，立即采收。种子采回后，种胚尚未分化，需要一个后熟过程。用高棚沙积贮藏150天，有利于保护种子生命力。播种前，用100毫克/千克赤霉素及100毫克/千克2,4-D混合溶液浸种24小时，再置于温度5℃环境条件下 24 小时，萌发率可达 80% 以上。

2. 整地做畦　按宽 120 厘米，沟宽 30 厘米，深 15～20 厘米，开沟做畦，畦长依地势而定。畦做好后施基肥，每 667 米^2 施腐熟牛马粪 4 000～5 000 千克，用旋耕机混入土中，并将畦面整平。在畦面上方搭建高 1.8 米的荫棚，以确保光照适宜。

3. 播种　每年 10～11 月播种，播种量为每 667 米^2 2.5 千克左右。黄连种子细小，因此在播种时，可拌和 20～30 倍细腐殖质土或干牛粪粉一同均匀撒播于畦面。撒后用木板将土面稍稍镇压，使种子与土壤接触，然后再盖厚约 1 厘米的干细土或干牛粪。

4. 保护　用树枝、竹枝做成篱笆，将苗圃围封，防止野兽进入苗圃，并起到防强光照射的作用。

5. 苗床管理　黄连幼苗生长期需 2 年。每年应除草 4～5 次，除草时用手拔，防止扰动幼苗。每次拔草后，可追施稀薄氮肥（每 667 米^2 6～7 千克）、人粪尿、饼肥（每 667 米^2 120～150 千克）等。在幼苗长出 1～2 片真叶时，若苗过密，疏除部分苗，保证株距至少 1 厘米为宜。之后根据出苗和生长情况，多次匀苗，并培薄土 1～2 次。

6. 移栽

（1）**选地**　一般选择海拔 1 200～1 600 米，坡度 20 ℃ 左右，疏松肥沃、排水良好、郁闭度约

0.7 的人工林地，清除杂灌木，将所砍的小乔木、灌木、小竹等，修成木桩、长竿及遮盖物等篱笆材料，备用。

(2) 整地和修枝　每年 10 月整地。清除地上杂物，除去杂灌木、树根和草根，再将枯枝、落叶、杂草等集成小堆并炭化，然后翻入土中。翻土时，将树根、石块拣去，翻土深度 20～23 厘米，将土块打碎弄平。林中用火，应特别控制好火源，严防引发火灾。为了确保林木正常生长且林相整齐，并保证适宜黄连生长的透光度，应对移栽区内树木进行精细修枝。修枝时用锋利的刀或锯，留桩应齐平于树干，控制枝下高在 2 米以上。

(3) 移栽　选用二年生黄连苗，带土移栽，成活率较高。若以裸根苗移栽，则宜先用吲哚乙酸 50 毫克/千克、0.3% 硼酸或 0.5% 硫酸锌溶液浸根。移栽时株行距一般在 6 厘米×6 厘米至 12 厘米×12 厘米范围内，以 10 厘米×10 厘米密度较好。

(五)　采收与加工

黄连一般移栽 5 年后采收，立冬前后是最佳采挖时段。采挖后不能用水洗，可抖去泥土后，用炕坑烘干至皮干心湿时，趁热置于竹制槽笼中来回冲撞，筛去泥沙、根须及残余叶柄等杂质，再烘至全干即可封装出售。

随着黄连种植面积的扩大，产品及时规模化加工处理时，可采用微火炒干与烘箱干燥法。烘箱 55 ℃干燥 2~2.5 小时，其颜色基本保持原色，药效得到最大限度的保存；微火炒干的颜色次之。因此，采用烘箱或烘房低温干燥既能保证外观色泽不变，又能避免有效成分损失，并可缩短干燥时间，值得推广。

十一、 牛大力

（一） 简介

牛大力（*Millettia speciosa* Champ.）为豆科崖豆藤属植物。别名美丽崖豆藤、猪脚笠、山莲藕、金钟根、倒吊金钟、大力薯等。主产于我国广东、广西、海南地区，湖南、江西、贵州及云南各省南部也有分布。另外，东南亚地区也是主产地。牛大力是一种药食同源的植物，需求与日俱增。目前，野生资源近枯竭，海南、广东等地人工栽培规模正在扩大。

（二） 生物学与生态学特性

牛大力为攀援型灌木，高1～2.5米，嫩枝被褐色绒毛。叶为奇数羽状复叶，小叶3～17片，叶长4～9厘米，宽1.5～4厘米，全缘，叶形分卵圆形、椭圆形、长椭圆形和披针形等，顶端钝形或短渐尖形，基部圆形或钝形，叶片绿、深绿或黄绿色，叶脉绿色，叶面无毛、疏毛或密毛，干时变粉绿色；叶背无毛或密毛，干时红褐色，边缘背卷。小托叶锥状。幼嫩茎银灰色，老茎紫褐色，茎上有芽眼。花期 7～10 月。腋生总状花序，有的为顶生圆锥状花序，长 20～30 厘米；花形较大，单朵花花冠长 2～2.5 厘米，密集而单生于花序上；总轴、花梗和花萼均被褐色茸毛；花冠白色无毛，旗瓣圆形，基部截平或心形，有两枚盾形褐色附属物；雌蕊黄色，密被茸毛。荚果线状，长椭圆形，扁平，长 10～15 厘米，密被茸毛，果瓣硬木质，开裂后扭曲，种子卵形，每荚 4～6 粒。

牛大力原生于山坡、荒野、疏林或灌木丛中。喜热带、亚热带季风气候。要求年均温度在 18 ℃以上，最低温度高于 0 ℃，相对湿度 80％以上，年均日照时数 1 500～2 000 小时，年均辐射量 418.6～586.0 千焦/厘米^2，年均降水量 1 400～2 400 毫米。

牛大力是深根性作物，适应性强，对气候和土壤要求不严，耐干旱和瘠薄的环境，病虫害少。

（三）利用价值

牛大力有平肝、润肺、养肾补虚、强筋活络的功效，主治肾虚、气虚、腰酸腿痛、风湿病、慢性肝炎、支气管炎、咳嗽、肺结核等。除拥有独特香气外，还含有丰富食物纤维，有助改善便秘。

（四）育苗技术

1. 浸种 选颗粒饱满的种子，去掉杂质和有缺陷的种子，用 30％过氧化氢消毒 12 分钟，然后用清水清洗干净。将处理过的种子充分浸泡至膨胀，再用清水冲洗干净，捞起晾干，待用。

2. 营养土配方　配方为 68％表层红壤土（心土）＋30％泥炭土＋2％缓释肥，配置后将营养土粉碎过筛，装满营养杯。播种前应先浇透一次水，含水量以 30％为宜。

3. 播种及播后管理　种脐朝下，轻轻用手指按下，然后撒一层细土即可，随即喷一层雾水。以后，晴天早上喷雾一次，直至成苗。

（五）栽培技术

宜选择热带、亚热带地区，年均温度 20 ℃左右，降水量 1 000 毫升以上，日照充足、供水方便、不积水的平地、缓坡作为园地。尤以土层深厚肥沃、腐殖质丰富、疏松湿润、通气性良好的微酸性沙壤土为宜。

以农家肥、生物菌肥作基肥，并添加适量磷钾肥，有利于提高植株的抗性，促进根系膨大。基肥为每 667 米^2 施农家肥 1 000～2 000 千克＋钙镁磷肥 100 千克。种植时间以 5～6 月为宜。一般种植株行距 0.8 米×1.0 米，每 667 米^2 种植 600～700 株。种植后 60 天左右，追施氮肥每株约 50 克。追肥时，结合松土、除草一并完成。

从第二年开始，藤蔓长势过旺封畦时，应疏

剪掉强旺枝，抑制藤蔓生长，以利养分集中供应根部生长。第三年，其根部薯块即可采收出售。

（六）采收与加工

牛大力以根入药，以秋季采挖为佳。将采挖的根洗净，切片晒干或蒸熟后晒干。块根圆柱状，或几个纺锤状体连成一串，将其切成长 4～9 厘米、宽 2～3 厘米、厚 0.5～1 厘米的片块状。横切面皮部近白色，内侧为一层不明显的棕色环纹，中间部分近白色，粉质，略疏松。老根近木质，坚韧；嫩根质脆，易折断。根气微，味微甜。以片大、色白、粉质、味甜者为佳。

十二、 草珊瑚

（一） 简介

草珊瑚 ［*Sarcandra glabra* （Thunb.） Nakai］为金粟兰科草珊瑚属多年生常绿草本或亚灌木。俗名肿节风、九节风、九节茶、接骨莲、满山香等。全草可入药。目前已广泛用于食品、饮料、药品、保健品及日用化工等方面。自然分布于秦岭、淮河以南各地区。

（二） 生物学与生态学特性

草珊瑚为半常绿灌木，高 50～120 厘米。茎圆柱形，茎与枝条均有膨大的节，节间具有纵沟纹，茎质脆，断面纤维性，中空。叶对生，革质或薄革质，椭圆形、卵形或卵状披针形，长 6～17 厘米，宽 2～6 厘米，顶端渐尖，基部尖或楔形，边缘具粗锐锯齿，齿尖有一腺体。穗状花序顶生，通常分枝，成圆锥状，花序（连同花梗）长 1.5～4 厘米；苞片三角形，花黄绿色；雄蕊 1 枚，肉质，棒状至圆柱状，花药 2 室，生于药隔上部两侧，侧向或有时内向；子房球形或卵形，花柱缺，柱头近头状。核果球形，直径 3～4 毫米，熟时红色。花期 6～9 月，果期 10～11 月。

野生草珊瑚常生长于海拔 400～1 500 米的山坡，沟谷地带常绿阔叶林下，喜温暖湿润气候及阴凉环境，忌强光直射和高温干燥；喜腐殖质层深厚、疏松肥沃、微酸性的沙壤土，忌贫瘠、板结、易积水的黏重土壤。草珊瑚采收时易连根拔起，其根多为须根，常分布于表土层；根部萌蘖能力强，常从近地面的根茎处发生分蘖而使植株呈丛生状。

（三）利用价值

1. 药用价值 草珊瑚是一种广谱中药材，全株可入药。含有挥发油、酯类、酚类、鞣质、黄酮、氰苷、香豆素、内酯等有效成分。性平、味苦，有清热解毒、通经接骨、祛风通络、活血散瘀之功效。主治流行性感冒、流行性乙型脑炎、麻疹肺炎、小儿肺炎、大叶性肺炎、细菌性痢疾、急性阑尾炎、疮疡肿毒、骨折、跌打损伤、风湿性关节痛、产后腹痛、口腔炎、咽喉炎等。还用以治疗胰腺癌、胃癌、直肠癌、肝癌、食管癌等恶性肿瘤。

2. 观赏价值 草珊瑚茎直立丛生。叶革质，常绿，椭圆形。花黄绿色，穗状顶生，自然花期

8~9月。果期10~12月，球形果实颜色鲜红，观果期可至翌年3月。草珊瑚赏花、观叶、观果均宜。其较耐阴，适宜室内盆栽观赏，也可作室外群植造景。

（四）育苗技术

1. 种子育苗 选择交通便利、排灌方便、土质肥沃、结构疏松的地块作圃地。苗床高25~30厘米，床面宽120厘米，每公顷撒石灰粉150~200千克进行土壤消毒。加盖红心土或火烧土3~5厘米，并搭建120厘米高遮阳棚。

选择在春季2~3月育苗。种子经过层积变温催芽处理后，按株行距10厘米×3厘米点播。圃地要做好除草、施基肥等工作。幼苗生长过程中，根据天气和土壤干湿情况进行灌溉或排涝。施肥以少量多次为原则，每次施薄肥。实生苗10个月后，苗高16~30厘米，即可移栽。

2. 扦插育苗 苗床做法同实生苗圃地。扦插时间为4~5月或10~11月。从采集的枝条中剪取10~15厘米的茎段，两端用枝剪按45°角斜切，去除下半部分2/3叶片，即为插穗。株行距10厘米×5厘米，扦插深度6~8厘米，约占枝条长度的2/3，插后压实，并用塑料拱棚保湿增温。

经常对扦插床喷雾，保持湿润。注意排除积水，防止穗条腐烂。田间操作时，不要摇动或伤及幼苗根系。扦插育苗 10 个月至 1 年后，苗发新芽，须根 5 根以上即可移栽。

（五）栽培技术

1. 造林地选择 选择阔叶林或杉木林下的地势平缓、排水良好的地块，土壤肥厚、疏松、湿润。要求林冠透光度 40%～50%。

2. 林地准备 根据林下植被疏密情况，清理出宽 100 厘米以上的栽植带。挖穴整地，打碎土块。12 月底前完成整地。

3. 栽植 亚热带东部地区，于 12 月至翌年 2 月栽植。选择苗高 20～50 厘米、地径 0.2～0.5 厘米的健壮苗，起苗时，用薄膜捆扎，保护好根系。按株行距 1.2 米×1.2 米的密度种植。栽植时，埋土深度为原苗木根颈处以上 2～3 厘米。要求苗木根系、冠幅发育较好，顶芽饱和，无损伤，无病虫害。

4. 幼林抚育 每年 5 月和 8 月各抚育一次，要求全面劈草，清除藤蔓。扩穴培土，扩穴规格 80 厘米×80 厘米，培土高度 5～10 厘米。培土时保证幼树直立，不得伤害幼树。

5. 施肥 以有机肥、复合肥和钙镁磷肥为主。施肥时间以 4 月初为宜。二年生幼树，每株施有机肥 0.3 千克，钙镁磷肥和复合肥 0.2 千克。

6. 幼林管护 牛、羊喜欢啃吃草珊瑚枝叶，应在栽培区周边路口和缓坡地做好栏杆。

（六）采收与加工

草珊瑚的最佳采收季节为秋季，且以二年生以上的植株为宜。逐年采收或二年采收一次，两种方法均可。

1. 采收方法 选择在每年 9～11 月的晴天采收，截干部位通常设定于地面以上 10～15 厘米处。用枝剪按 45°斜剪，以免伤口积水和病菌侵入。取枝原则：割大留小，留嫩枝继续生长，采集全株侧枝。截干后随即追肥。

2. 粗加工技术 收割草珊瑚后，拣除其中夹带的杂草、污物，剔除腐烂变质部分，晾晒至干，待叶片回软时捆扎，并打包碾压成件，供应给收购商。也可就地加工提取草珊瑚浸膏，直接出售给制药厂。

十三、 青钱柳

（一） 简介

青钱柳 [*Cyclocarya paliurus* （Batal.） Iljin-sk] 又名摇钱树等，为胡桃科青钱柳属植物。是我国特有的单种属植物，也是国家重点保护的濒危植物之一。自然分布于长江以南，多生于海拔420～2 500 米的山地、溪谷、林缘。

（二） 生物学与生态学特性

青钱柳为落叶乔木，高可达 25 米，花期 4～5月，果期 8～10 月。奇数羽状复叶，小叶 7～9 枚，革质，上表面有盾状腺体，下表面网脉明显，有灰色细小鳞片及盾状腺体，两面及中、侧脉皆有短柔毛。花单性，雌雄同株，雄柔荑花序 2～4 条成一束集生在短总梗上，雌柔荑花序单独顶生。果序轴 25～30 厘米，果实有革质圆盘状翅，顶端有 4 枚宿存花被片。果实迎风摇曳，别具特色。

天然林中，树龄 20 年内为树高和胸径生长速生期。材积生长 20～40 年为速生期，30 年左右达到材积连年生长高峰。

青钱柳大树喜光，幼苗、幼树较耐阴，喜生于温暖、湿润、肥沃、排水良好的酸性红壤、黄红壤中。根系发达，主侧根多数分布于 40～80 厘米土层中。

（三）利用价值

青钱柳集用材、观赏、保健、药用功能于一身。其顶端优势明显，干形通直，树形优美，果实形如铜钱，观赏价值佳，是良好的园林绿化树种。其材质轻软，纹理匀直，结构略细，较耐腐，少翘裂，切削容易，切面光滑，油漆和胶黏性能好，是良好的家具用材。

青钱柳叶的主要化学成分有糖类、氨基酸、维生素、有机酸、黄酮、三萜、内脂、香豆精、皂苷、甾体等。具有健脾化湿、清热通腑、疏肝理气、滋阴补肾的作用，可改善对因脾运不健、痰浊、嗜食、懒动、腹满积食、肝瘀气滞而致的肥胖症。其根、枝、叶均可入药，也可将其嫩叶制成茶饮，味甘甜。青钱柳叶制成的茶叶，可辅助治疗动脉硬化、糖尿病、高血压、高血脂、冠心病、脑中风等疾病。

（四）育苗技术

1. 种子采集与处理 青钱柳果实成熟期 9～

10 月，果实由青转黄褐色时即可采种。采种时，利用高枝剪或竹竿敲打枝条，树冠之下，可铺展帆布收集。果实采回后，搓去果翅，贮存于通风干燥之处。自然状态下，青钱柳种子不易发芽。播前宜用 50～60 ℃温水浸种，冷却后再浸泡于清水中 5～7 天，阴干后播种。用 ABT 6 号生根粉 50 毫克/千克溶液浸种 4 小时，可提高发芽率。

2. 圃地准备 圃地应选择水源充足，排灌方便，日照时间较短的山区农田。圃地土层要求深厚、肥沃的微酸性沙壤土或壤土。整地时，每 667 米^2 施入菜枯饼 200 千克、磷肥 80 千克、厩肥 500 千克作基肥。筑土厢宽 1.2 米，高 20～30 厘米。要求三耕三耙，使土壤颗粒最大粒径控制在 0.5 厘米以下。

3. 育苗

(1) 实生苗育苗 早春（亚热带东部为 3 月中旬）条播种子，条距 30～35 厘米，每 667 米^2 播种量 15 千克。播种后覆火土灰或黄心土 2～3 厘米厚，再盖稻草。待苗木出土后及时揭草，适时除草，清沟排水。在 5 月和 6 月各施氮肥一次。夏季要搭棚遮阴，秋雨后拆除荫棚。

(2) 扦插育苗 按照良种选育程序，选择青钱柳优良单株或优良家系，利用优良家系种子繁殖的幼苗进行嫩枝扦插，可获得品质良好的扦插苗。扦插苗成功的关键是配制好扦插基质。通常用 60% 的泥炭土、20% 的蛭石、18% 的松树皮、2% 的缓释肥，混合均匀后作扦插床或容器基质。

于 5 月中旬至 6 月中旬，将半木质化幼苗嫩枝剪切成 8 厘米左右的插穗，用 KIBA（吲哚丁酸钾盐）＋KT＋2,4－D＋维生素 C 激素组合处理 1 小时后，插于基质上，间歇式喷雾，空气湿度保持在 85%～95%，30 天生根率可达 98% 以上。12 月至翌年 2 月间即可出圃用于造林。

（3）组织培养苗 顶芽下 1、2 节茎段是最佳外植体诱导材料。5 月是外植体最佳取样时期。采用培养基 MS＋6－BA 2.0 毫克/升＋NAA 0.1 毫克/升，新芽诱导率达 83.3%。在培养基中添加 0.5 毫克/升反式玉米素（ZT）能有效地促进分化，新芽萌发率最高能达到 90.9%。组培苗经炼苗后，即可移栽到容器育苗基质上，控制温度在 20～33 ℃，光照度 12 000 勒克斯，湿度 80%～90%，光周期为光照 12～16 小时，黑暗 12～8 小时。按正常幼苗培养，12 月份即可出圃造林。

（五）栽培技术

1. 造林地选择与整地 造林地应选择海拔在 400 米以上的山坡中下部及山谷溪涧，土层深厚、肥沃、湿润的地方。

在造林前应对林地进行全面清理。根据培育目的选用不同造林密度，培育大径材，以株行距 4 米×3 米，密度为每 667 米² 833 株为宜；建立采叶园，则以株行距 2 米×2 米，每 667 米² 167 株为宜。穴的规格为 50 厘米×50 厘米×40 厘米。每穴施 0.5 千克过磷酸钙，与穴中土壤及表土拌和均匀并回填。

2. 苗木保护及栽植　用一年生实生苗、扦插苗或组培苗造林。由于苗木根系易失水，裸根苗从起苗到栽植应用薄膜包裹，并尽量缩短从起苗到栽植的时间，以确保根系湿润。青钱柳宜与鹅掌楸、木姜子、杉木等树种混种。造林应在 2 月底前完成。

3. 幼林抚育　青钱柳是速生树种，种下当年须除草、松土，抚育两次。翌年树苗可高达 2 米以上，除草松土一次即可。抚育时严禁使用化学除草剂除草，防止土壤和水体污染。

施肥应结合松土、除草进行。施肥时，距幼树 30~40 厘米处挖一半月形小穴，每个小穴施 0.3 千克的复合肥，并用细土将肥料覆盖，以防肥料分解失效。

青钱柳是萌发力较强的树种，为增加冠幅和叶量，并方便采叶，对采叶林中的树体要及时修剪整形、打顶矮化。造林后树苗高达 1.2~1.5 米时就开始打顶，促进多长侧枝增加冠幅，成林时树高控制在 3.0~4.0 米为宜。

（六）采收

青钱柳以采叶为主。于 9~10 月人工采摘树叶，摊晒或在鼓风干燥厢中或具类似功能的设施内控温至 42 ℃左右烘干，并经无害化灭菌后封装保存、销售。

十四、灵芝

（一）简介

灵芝 [*Ganoderma lucidum* （Curtis） P. Karst] 为灵芝科灵芝属药用真菌。又名红芝、赤芝、木灵芝、灵芝草等。《神农本草经》按颜色将灵芝分为赤芝、青芝、黄芝、白芝、黑芝、紫芝六类。《抱朴子》按质地把灵芝分为石芝、木芝、肉芝、菌芝、草芝。《本草纲目》沿用了《神农本草经》的"六芝"分类。

灵芝在我国大部分省份均有自然分布。欧洲、非洲、美洲及亚洲其他的一些国家也有广泛分布。

（二）生物学与生态学特性

灵芝生长受到不同生长条件与环境的影响，其子实体的形状、大小及颜色等变化很大，多为紫色或紫红色，木栓质或木质，少数革质。菌盖多为半圆形、圆形或肾形，有光泽。

灵芝多见于有散射光的稀疏林地，生于杨柳科、榆科、壳斗科、樟科、蝶形花科、金缕梅科、木犀科等阔叶树的枯木、腐木或树桩上，分解木材中的纤维素、木质素作为养分来源。

灵芝在热带、亚热带、温带中低海拔地区均可生长，气候适应域宽泛。

（三）利用价值

灵芝中所含的多糖、糖蛋白、多糖肽等成分在抗肿瘤、免疫调节等方面具有较强的功效。同时，灵芝有抗放射线、抗化疗药物损伤，抗氧化和清除自由基的作用。此外，灵芝提取液有镇静、催眠、改善记忆力，同时具有降血压、降血脂、镇咳平喘的作用。

（四）适宜的栽培环境

灵芝的菌丝及子实体生长主要受温度、基质水分含量、二氧化碳浓度、酸碱度、光照等因素的影响。因此，灵芝在人工栽培条件下，除了保障足够的营养条件之外，应控制好上述各影响因素。

1. 温度　灵芝菌丝在 $5 \sim 35\ ℃$ 范围内可以正常生长，其最适温度为 $25\ ℃$ 左右。超过上述温度范围灵芝菌丝表现为异常生长或停止生长，甚至死亡。子实体在 $5 \sim 30\ ℃$ 范围内生长，最适温度为 $24 \sim 26\ ℃$。

2. 水分　菌丝生长过程中所需水分来自于培

养基质，空气湿度维持在 $65\% \sim 70\%$，有利于基质水分平衡。基质最佳含水量取决于其密度。若以木材作为基质，含水量以 $37\% \sim 40\%$ 为宜。材质坚硬的木材，则含水量可相应降低。若以木屑为主要培养基质，含水量应保持在 $55\% \sim 60\%$。若含水量超过 80%，会导致菌丝缺氧死亡。子实体生长期间，空气湿度应维持在 $85\% \sim 90\%$。若空气湿度超过 95%，易引起菌丝自溶和子实体腐烂；若空气湿度低于 60%，则将引起子实体生长停滞。

3. 二氧化碳　灵芝生长过程中对环境中二氧化碳浓度极为敏感。二氧化碳浓度为 $0.1\% \sim 10\%$ 时，灵芝菌丝生长速度较正常情况快 $2 \sim 3$ 倍。子实体阶段二氧化碳浓度应控制在 $0.03\% \sim 0.1\%$，高于此浓度其生长会受到抑制。

4. 酸碱度　灵芝菌丝可以在 pH $3 \sim 9$ 范围内正常生长，最适 pH 为 $5.0 \sim 5.5$。

5. 光照　菌丝体可以在完全黑暗的条件下正常生长。但菌丝分化需要 $400 \sim 500$ 纳米的蓝光诱导。黑暗或弱光（光照度 $\leqslant 1\,000$ 勒克斯）条件下只形成菌柄，不长菌盖。蓝紫光或紫外光对菌丝生长有明显的抑制或破坏作用。

（五）　制种及栽培技术

1. 菌种制作

(1) 母种制作　常用培养基是以马铃薯、葡萄糖、琼脂等为主要成分的 PDA 培养基。母种的制备过程与其他食用菌母种制作相似，包括孢子分离、组织分离、基质分离等。

（2）**原种制作**　原种制作培养基主要成分是含有木质素、纤维素、蛋白质和矿物质的混合物，如各种阔叶树的木屑，草本作物秸秆，粮食如玉米粉、小麦粉、黄豆粉及加工下脚料如麦麸、米糠等。培养基可根据原料供应的难易进行灵活配制，参考配方：木屑80%，麦麸18%，蔗糖1%，石膏1%，含水量60%左右。木屑以硬质木材原料为佳，同时应避免使用芳香植物木屑。培养基中应避免使用含有重金属或农药残留物的基质。灭菌接种后，应立即避光培养，温度维持在24～28℃，空气相对湿度60%～70%。菌丝生长过程中应当定期检查，及时移除杂菌感染的菌包。

（3）**栽培种制作**　栽培种制作的配方和拌料与原种基本相同。

固体栽培菌种一般根据拟接种对象基质形态制作成木条状或子弹头状，使用聚丙烯（PP）塑料袋装填并灭菌培养。

若接种对象为菌袋，相应栽培菌种可制作成木条状，称为木条菌种；若为段木栽培，则可将栽培菌种制作成子弹头状。前者，将木段分劈成长15～20厘米、宽0.5～0.8厘米、厚0.15～0.2厘米的木条。每个菌袋装填上述木条15～25片，并用前面所述培养基填满间隙。后者，先准备好

耐高温子弹头状聚苯醚（PPE）模具若干，模具长
1.5 厘米左右，宽端直径 0.5～0.8 厘米。在模具
中填塞培养基，每个 PP 袋装 50～100 个子弹头模
具即可。将上述两种类型菌种分别常规灭菌后，接
种培养，直至菌丝布满菌种袋，即可做后续使用。

2. 栽培技术　林下灵芝栽培常用方法有段木
栽培和袋料栽培两种。

（1）段木栽培　段木栽培可分为熟段木栽培
和生段木栽培。段木截后应浸没在约 0.17％饱
和石灰水中 24 小时以上。浸泡过石灰水的段木经
高压灭菌后即为熟段木，此段木更有利于灵芝菌
丝的定植和生长，可以有效缩短灵芝生长周期，
提高产量。

树木砍伐通常选择冬季，此季节木材储存营
养比较丰富。熟段木栽培基本操作流程包括：选
择树种、适时砍伐、截段、捆扎、装袋、灭菌、
接种、发菌、埋土、出芝等。装袋灭菌前 1～2 天
内截断木材，木材长度可控制在 40～150 厘米。
常压灭菌 100 ℃左右，维持 10～12 小时。灭菌后
段木降温至 30 ℃时为最佳接种温度。接种量根据
段木大小和长度决定，每 20 厘米长段木接种菌种
量宜 5～10 克。熟段木可用子弹头菌种钻孔接种，
也可用木片菌种贴面接种。未灭菌段木多采用子
弹头菌种接种。接种后菌棒避光培养，60 天左右
发菌完成。栽培场地可选择郁闭度 0.4～0.6 的林
下，要求排水良好、土质疏松且水电供应设施齐

全。菌材应依据段木直径大小、菌丝生长情况分开排放，便于整齐出芝，方便管理与采收。场地要预先清理，注意防治白蚁。菌材排放一般间距10厘米，行距20厘米，覆土约2厘米。

（2）**袋料栽培** 用双层聚丙烯塑料袋装填培养基。塑料袋规格：袋膜厚度0.45～0.55毫米，直径90～95毫米，长度550毫米。分两次间歇高压灭菌或常压灭菌。灭菌后，当温度下降至30 ℃时即可接种。两端同时接种，可提高发菌速度，节省培养时间。接种后在洁净的培养间，控制温度24～28 ℃，湿度60%～70%，避光培养。待菌丝完全充满栽培袋后，即可移到林下，埋入土中。

3. 管理 灵芝菌丝发菌阶段，光照要弱，约300勒克斯以下。子实体开始形成后要及时砍伐树枝，清理杂草，增强光照至500～800勒克斯，以利于菌盖增厚、子实体增大及孢子粉形成。

灵芝子实体形成和生长适宜温度20～32 ℃，最适温度24～26 ℃。空气相对湿度应保持在85%～90%。通常情况下，7～15天即可出芝。因此，林下栽培时应经常喷雾增湿。

（六）采收

1. 孢子粉收集 孢子粉收集可使用套袋收集法。套袋时间宜在灵芝白色生长圈消失，停止向外扩张之时。套袋可用白纸制作成筒状。套筒前要喷水冲洗灵芝菌盖和菌柄，尽量洗尽泥沙和杂质。套筒后于地面上铺上塑料薄膜。菌盖、地面薄膜、套筒边均能收集到大量孢子。

也可采用真空吸尘器收集孢子。但要勤换吸尘袋，否则因负荷过大，易致电机损毁。

已收获的孢子粉应及时在 50～60 ℃下烘干，过筛。干燥后的孢子粉应放在干燥、低温、弱光的环境下保存，或直接采用真空密封保存，也可冻干保存。

灵芝孢子应经严格破壁后，才能有效释放所含三萜类药用成分并为人体所吸收。因此，灵芝孢子粉应由专用低温破壁机械破壁方能发挥最大效用。

2. 子实体采收和干燥 灵芝采收应在菌盖停止增大，菌盖边缘色泽与菌柄一致时进行。采收时，可用剪刀从子实体菌柄基部剪下，当天烘干。烘干前，子实体不宜水洗。烘干程序是 30～40 ℃下 4～5 小时，然后 55～60 ℃下 1～2 小时。烘干后，外观以菌盖背面呈米黄或金黄色最佳。子实体应当真空密封保存。

十五、 茯苓

（一） 简介

茯苓 [*Poria cocos*（Schw.）Wolf] 为多孔菌科茯苓属药用真菌。又名茯灵、伏苓、茯菟、茯兔、云苓、松苓、松薯等。在我国已有 2 000 多年的药用历史。野生茯苓分布广泛，在中国、韩国、日本、印度及东南亚、北美洲、大洋洲均有生长。我国茯苓资源在黄河以南大部分省份均有分布。其中湖南、云南、安徽、湖北产量较大。

（二） 生物学与生态学特性

茯苓生活史分别以菌丝体、菌核、子实体三种不同形态存在。

菌丝体由许多管状透明的单根菌丝组成。菌核是茯苓的储藏器官，由无数菌丝和储藏物聚集而成，呈球形或扁圆形或不规则块状。茯苓子实体在野生条件下无柄，薄而平铺于菌核表面，极难采集。因此，日常所说的药用茯苓是指其地下菌核。

自然状态下，茯苓多生长于马尾松、黄山松、赤松、云南松、思茅松等松科植物根部，其中以马尾松根部茯苓品质较好。茯苓在 pH 4～7 的酸性至中性土壤上均能正常生长。多生长于海拔 500 米以上松林，海拔 600～900 米地区也较为常见。

（三）利用价值

茯苓主要药用活性成分为茯苓酸、茯苓多糖等，在免疫调节、抗肿瘤、抗菌消炎、止吐利尿、抗病毒、抗氧化、保肝、防结石、镇静等方面有显著功效。改性的羧甲基茯苓多糖、乙酰化磺酰化茯苓多糖等可有效提高抗肿瘤及清除超氧阴离子自由基的效果。茯苓常作为饮片或汤药，与其他中药材配伍使用。

（四）栽培技术

1. 适宜栽培条件　茯苓菌丝体在不同碳源培养基上生长速度差异显著，其中碳源营养以松木屑、葡萄糖、果糖最好。氮源营养则以玉米浆最佳，豆粉、蛋白胨亦可。碳氮比是茯苓生长的重要影响因素：（5～50）：1 范围可以正常生长，（25～35）：1 为最佳比例。

孢子萌发适宜温度为 22～28 ℃。菌丝在 15～35 ℃内可以正常生长，其中 20～32 ℃内生长较快。茯苓生长要求段木含水量 30%～40%，土壤湿度以 25% 为宜。茯苓是好气性真菌，其生长过程呼吸作用旺盛。空气流通、排水良好的环境对茯苓的生长极为重要。茯苓菌丝适宜在完全黑暗条件下生长并以菌核形态存在，但子实体须在有散射光的条件下形成。

2. 菌种制作

（1）**母种制作** 茯苓分无性繁殖和有性繁殖两种。茯苓无性繁殖常用菌核分离法获得菌种。分离时，在超净工作台上，将表面洗净、消毒的菌核切开，取中间组织块，接种于 PDA 斜面试管培养基上，于 25 ℃下培养，即可得到纯种菌丝。

有性繁殖获得菌种的方法如下：在超净工作台上，用悬挂法收集子实体孢子，用无菌水制作孢子液，将孢子悬液均匀涂布于平板培养基上，使之萌发即可。

（2）**原种与栽培种制作** 将母种菌丝体移接到原种培养基上即可制得原种。原种培养基主要由木屑、棉籽壳、麦粒等原料组成。将原种按照上述方式扩大繁殖即制成栽培种。

3. 栽培方法 目前，茯苓最常用的栽培方法是将其菌丝接种到马尾松等松木上，形成菌核。在马尾松资源丰富的地区，可以利用间伐后的松树蔸作栽培原料，这样能较高效地节约和利用资源。

栽培茯苓的林下土壤宜选择土层深厚、排水良好的沙壤土。宜于冬季挖窖。地窖大小为 80 厘

米×45 厘米×30 厘米，窖间距 30 厘米，窖底呈
20°～30°斜坡。一般选择 5～6 月下窖。将长度50～
60 厘米的段木 2～3 根并排靠拢放入窖内，并行方
向相距 5～10 厘米，段木间用短横木搭接，搭接处
填压木片状茯苓栽培菌种。排放好段木和菌种后，
以小松枝覆盖。随后重新覆土，厚度约 10 厘米。

4. 管理 接种后 10 天左右，清晨检查，若窖
面表土比较干燥，表示接种成活，否则需重新下
种。接种后要及时检查每一窖茯苓生长情况，发
现有杂菌污染要及时清理，重新接种。若遇干旱
要及时培土保墒，下雨后要立即清沟排水，防止
烂窖。茯苓菌丝极易招引白蚁，因此要在窖边施
放白蚁忌避剂，撒石灰粉等。

（五）采收与加工

1. 采收 起挖茯苓和运输中应尽量避免伤口。
挖回后先洗净茯苓表面泥土，然后在通风处用竹
板或木板搭起离地面高 15 厘米的面板，铺上稻草
或松毛，将鲜茯苓按不同起挖时间和大小，分层
堆放，四周和上表面用稻草覆盖。每隔 1～2 天翻
动一次，翻动时上下、内外交换位置，使其均匀
"发汗"，散发表皮水分。"发汗" 1 周左右开始加
工。5 千克以上的大个茯苓应适当延长发汗时间。

2. 加工

（1）生切法 第二周继续发汗，每隔 2～3 天

翻动一次。2周后，当茯苓表皮长出白色绒毛状菌丝时，去掉覆盖的稻草，取出擦拭干净，晾干表皮水分，晾至茯苓表皮起皱纹时，用刀削去黑表皮，晒干，即为茯苓皮；中间肉质部分用利刀切成1厘米的方丁或长、宽3~5厘米，厚0.2~0.3厘米的茯苓片。方丁或茯苓片应均匀一致，晒干即可。若遇阴雨天，为防霉变，需用灶焙干或采用专用烘干设备烘干。干燥后的茯苓丁，用纤维袋密封后，置低温干燥处贮藏。

(2) **熟切法** 选择晴天，将茯苓切成1千克左右长方体块，用木甑蒸，蒸笼上气后，继续蒸，直至用竹签插入茯苓内以不沾茯苓粉为宜，冷却后削掉外皮，切成1厘米的方丁，晒干即可。

十六、 红汁乳菇

（一）简介

红汁乳菇（*Lactarius lividatus* Berk. & M. A. Curtis）俗称枞菌、寒菌、松菌、九月香、三九菌、雁鹅菌、天鹅菌等，是一种与马尾松等松科植物共生的菌根性食用菌。红汁乳菇子实体中含有 8 种人体必需氨基酸。其提取物中含有菌多糖、腺嘌呤，对肉瘤 S-180 和艾氏腹水癌抑制率达 90% 以上。还含有多种维生素及矿质元素。其所含鸟苷酸已被证明是其产生独特风味的关键成分。红汁乳菇是所有野生食用菌中被公认为味道最鲜美的少数种类之一，能增进食欲，适于老人、幼儿及久病食欲不振者佐餐，是老少皆宜的天然食品。其营养结构合理，也是肥胖人士食谱的上佳选择。以其为原料，加工而成的菌油等高级调味品，是传统湘菜的重要佐料之一。红汁乳菇人工栽培技术的成功，为扩大资源供给，深度开发市场提供了良好技术支撑。

（二） 生物学与生态学特性

红汁乳菇菌盖直径 4～10 厘米，幼时半球形，呈青绿色，后表面呈淡红褐色、乌红色、紫铜色、淡黄色、淡土黄色、黄褐色，中央凹陷，有的有同心环纹。湿时光滑、黏。菌褶密，不等长。菌褶直生或稍下延，与菌盖上表面同色，或者色较深。新鲜子实体菌肉暗红色，受伤后，立即分泌暗红色乳汁，后渐变为青绿色；老化后也渐变成绿色。子实体全体有乳汁管。菌柄长 2.5～6 厘米，粗 1～3 厘米，下端渐细并略弯，成熟时中心变空。菌柄表面有陷窝，少数没有。孢子广椭圆形，表面有脊棱形成的网纹，大小（5.8～6.4）微米×（7.0～7.6）微米。

红汁乳菇主要分布于温带至亚热带地区，亚洲、欧洲、北美洲均有记载。红汁乳菇可与马尾松、湿地松、黄山松、华山松等共生。喜生于郁闭度 0.4～0.7 的松林内。在中国亚热带东部地区，一年产菇两次，分别为 3～4 月，10～11 月；而亚热带西部云贵高原，则发生于 5～10 月的整个雨季。

（三） 利用价值

红汁乳菇营养丰富，风味独特。粗蛋白质含量远高于普通蔬菜。含 17 种氨基酸，其中有 7 种为人体必需氨基酸。菌多糖含量达 6.99%，对肿瘤有抑制活性的功效。另含有 4 种核苷酸，其中 5'-鸟苷酸、5'-胞苷酸是重要的助鲜成分，是其独具风味的重要原由。

（四）栽培技术

1. 种植园选址　选择没有松科、壳斗科等植物的荒坡、荒地或杉木林等采伐迹地，废弃的果园、茶园，抛荒的旱地等作为红汁乳菇栽培基地。主要目的是尽可能避免土壤中残存竞争性外生菌根菌，对红汁乳菇造成减产的风险。

有条件的可选择离水源较近的地段，方便灌溉的缓坡地，建立滴灌或喷灌系统。并建立必要的防盗保护设施。

2. 生物防护设施建设　基地周边留出 2~3 米宽地带，用于栽植马甲子等防护绿篱。并根据地形地势，在山脊或与农耕区交界处种植杨梅、木荷等防火绿篱。

3. 地表处理和整地　清理林地内所有杂草和灌木。最好用树枝打碎机将灌木、树枝等打碎后铺于林地。按照"山顶戴帽、山脚穿裙"等生态环保措施适当保留原生植被，减缓新造林地水土流失。每隔 5~6 米，用木桩、竹夹板等设置一行架空人行便道，以方便管理，并避免因施工和采收时无序践踏而损伤菌根。

按 2 米×3 米或 2.5 米×3 米的株行距，做好内倾式鱼鳞坑，坑大小 40 厘米×40 厘米×30 厘米，以便集水防旱。铲除坑边表土，进行表土回填。

4. 起苗和苗木保鲜 红汁乳菇菌根苗最核心的结构是根部众多的菌根单元。如果是裸根苗，起苗时，要深挖苗床土壤，尽可能保护完整根系，用稻田土或塘泥调成泥浆粘裹根系，沥干后，用塑料袋分装，每袋装 100 株或 50 株。运输和暂存时，应将菌根苗安置于避光阴凉之处。起苗后，宜在 3 日内栽植完毕。如果是容器苗，则可将菌根苗运抵栽植现场，将基质和根系用清水浸透后，去掉容器，直接栽紧即可。

5. 栽植 冬末春初，选择雨或雪后初晴时集中栽植。提前安排好熟练劳力，并于栽植前做好培训。准备多个长 30～35 厘米、宽 35～40 厘米的不透水帆布袋或厚壁编织袋，用于栽植者随身携带菌根苗。同时，准备好结实、耐用的锄头等轻便高效的栽植工具。栽植时保证根须不受损伤，并锤紧根周围的土壤，最后覆盖一层松土。

6. 幼林抚育

（1）**抚育** 翌年 4 月中、下旬，对林地进行一次全面抚育，主要是刀抚，清除妨碍松树生长的新生杂草和藤本植物。7 月中旬，再进行一次刀抚。

从第三年开始，对松树 50 厘米以下分枝进行贴干修枝，保证树体冠形良好、干形通直，长势旺盛。

抚育过程产生的所有杂草和枝桠，经粉碎后，可就地均匀覆盖于树干周围林地，以起到保湿和防除杂草的作用。

（2）**水分管理** 夏秋季节，连续干旱 15 天以上时，有滴灌设施的区块内应对幼树根部土壤实施灌溉一次。在秋季出菇前，如遇连续干旱，也宜进行 1～3 次浇灌（时间 9 月中旬）。10 月后的产菇期间，每次较集中的采收后，如果没有自然降雨，应适当浇灌，使表土润透，便于菌根菌在适宜温度下恢复生长，待再次集中产菇。浇灌时，应洒水呈雾状，使空气和土壤湿度同步提高，且不产生地表径流，增强水分的利用率和有效性。

（3）**其他** 红汁乳菇种植园产菇期可达 30 年以上。整个经营期内无需施肥或加施农药。如遇周边地域松毛虫灾害发生，可在种植园区提前定点、多次施放白僵菌等生物杀虫剂加以控制。

（五）采收

亚热带东部地区，采收季节一般每年有两季。第一季为 4 月中旬至 5 月初，第二季为 10 月中旬至 12 月初。产菇时期气温一般为 12～25 ℃，最佳为 14～19 ℃；空气相对湿度 80％～95％；温差通常在 10 ℃左右。栽培基地一般 2～3 年后开始产菇，此后每年均有两次采菇期。

采收时，准备好竹篮，下垫薄层松针。用戴薄手套的手指连菌柄轻轻采摘菌盖直径 2 厘米以上的个体。如果发现个体连生有较小的子实体，则应用锋利剪刀剪断菌柄，保留较小个体并让其继续生长，否则会影响产量。竹篮内堆放的子实体厚度不宜超过 15 厘米，及时转运至专用透气包装盒内。集中外运或销售。

十七、 羊肚菌

(一) 简介

羊肚菌（*Morchella* spp.）又名草笠竹、羊肚菜、羊肚蘑，属盘菌目羊肚菌科羊肚菌属。羊肚菌属有多个种，如圆顶羊肚菌、尖顶羊肚菌、七妹羊肚菌、梯棱羊肚菌等。该菌是一类珍贵的食用菌和药用菌。羊肚菌盖表面呈褶皱网状，既像蜂巢，也像羊肚，因而得名。野生羊肚菌分布于我国陕西、甘肃、青海、西藏、新疆、四川、山西、吉林、江苏、湖南、云南、河北等地。欧洲、美洲各地也有分布。

羊肚菌是腐生型食用菌中最后突破人工栽培技术瓶颈并迅速实现产业化发展的种类。在我国四川成都一带，最先开发出农田栽培羊肚菌的技术。经多年经验积累，该技术成功率高，产量趋向稳定。羊肚菌人工栽培技术虽然问世不久，但国内推广迅速，从南到北，从东到西已广泛栽培。但羊肚菌林下栽培起步较晚，规模也较小。

（二） 生物学与生态学特性

以梯棱羊肚菌为例。梯棱羊肚菌（*Morchella importuna* M. Kuo，O'Donnell & T. J. Volk）上部子实层近圆锥形，顶端尖或稍尖，长达 5 厘米，直径达 2.5 厘米。凹坑多长方形，浅褐色。棱纹色较浅，多纵向排列，由横脉相连。幼时子实层呈具绒质感的灰黑色，成熟时黑色，见光后渐呈黄色。菌柄白色或浅黄白色，长达 6 厘米，直径约等于菌盖基部的 2/3，上部平，下部有不规则凹槽。子囊（250～300）微米×（17～20）微米，孢子单行排列，（20～24）微米×（12～15）微米。侧丝顶部膨大，直径 9～12 微米。梯棱羊肚菌是目前国内栽培较成功的一种。

羊肚菌为低温菌。菌丝生长温度 12～25 ℃，子实体出菇温度 12～18 ℃。低于 4 ℃ 的低温刺激有利于原基形成。产菇期间，保持空气湿度 90％左右的净风环境，且土壤含水率 25％～30％有利于产量稳定。满足上述条件，无论是低海拔丘陵平原还是高海拔山地，无论是低纬度地区还是高纬度地区均可栽培出菇。

（三） 利用价值

羊肚菌营养丰富。据测定，干品中含粗蛋白 20％，粗脂肪 26％，碳水化合物 38.1％，还含有多种氨基酸，特别是谷氨酸含量高达 1.76％以上，营养成分与牛乳、肉和鱼粉相当，因此，有"素中之荤"的美称。子实层部分含有异亮氨酸、亮氨酸、赖氨酸、蛋氨酸、苯丙氨酸、苏氨酸和缬氨酸 7 种人体必需的氨基酸。羊肚菌含有 8 种维生素：维生素 B_1、维生素 B_2、维生素 B_{12}、烟酸、泛酸、吡哆醇、生物素和叶酸。还含有抑制肿瘤的多糖，抗菌、抗病毒的活性成分。其提取液中含有酪氨酸酶抑制剂，可以有效地抑制脂褐质的形成。

子实体所含丰富的硒是人体红细胞谷胱甘肽过氧化酶的组成成分，可抑制恶性肿瘤，使癌细胞失活；还能强化维生素 E 的抗氧化作用。有机锗含量较高，具有强健身体、预防感冒、增强人体免疫力的功效。

（四）栽培技术

1. 品种选择　选择适宜低温季节栽培的品种。目前以梯棱羊肚菌为主。

2. 菌种制作　菌种培养料以麦粒作主料，辅以其他配料构成，培养料含水量 65％。主料、辅料拌和均匀，装入 600 毫升罐头瓶或聚丙烯筒膜。装料时注意松紧适中，装至瓶颈处即可，用聚丙烯薄膜套上橡皮筋封口、装筐，然后灭菌。灭菌压强约 147 千帕，温度 121 ℃，灭菌 2.5 小时。

3. 接种培养　灭菌的菌种瓶冷却至 20 ℃以下时，在超净工作台等无菌条件下接种。接种后将菌种瓶摆放于清洁、干燥、暗光、通气的培养室中，控制培养温度 16～18 ℃，培养 18～20 天菌丝即可长满。亚热带东部低海拔地区种植羊肚菌，原种制作在 9 月下旬至 10 月中旬为宜，栽培种在 10 月中旬至 11 月上旬为宜。羊肚菌属于低温型菌类，菌种培养温度要求在 18 ℃以下。

4. 林下栽培 选择水源方便、土层稍厚、石砾含量较低、便于操作且 12 月至翌年 4 月间不落叶的针叶林或常绿阔叶林，选择郁闭度 0.6～0.8 的林分作为栽培场地。11 月初，翻耕土壤 8～10 厘米，土粒耕碎至直径 1.5 厘米以下。按厢面宽 100 厘米、厢沟宽 35 厘米、沟深 20 厘米筑厢，在厢面中横向开宽 35 厘米、深 8 厘米的播种沟。也可依地形和树木位置灵活整地，不要求整齐一致。当秋季气温降至 18 ℃以下时（11 月中旬前）播种，将栽培菌种捣碎，用水湿透，使菌丝吸足水分。按每 667 米^2 500 袋用种量将拌湿的菌种均匀撒播于开好的播种沟中，随即覆土，覆土厚度 3～4 厘米。浇透水后，若天气干燥，可用地膜覆盖厢面增温保湿。

5. 管理技术

（1）**喷雾保湿** 覆土后 24 小时内，用清洁无污染水源，在厢面喷雾水 3～4 次，至土层湿透。土面一旦发白，应立即喷雾保湿。羊肚菌原基分化前半个月如有杂草，可手工拔除，此后不宜动土。

（2）**营养补充** 在羊肚菌菌种播种后 28 天左右，菌丝漫延土层，土面形成大量白色霜状物

（即分生孢子）时，表明羊肚菌菌丝生长成熟，进入生殖转化阶段。这时在土面上补充有机营养物，羊肚菌子实体原基即进行分化。

（3）**出菇期管理**　立春后最高气温上升到10 ℃时，将厢面湿度逐步提高到80％左右。在最高气温升至12 ℃时，去掉在厢面上的营养物，将厢面湿度调到85％～90％。这时土面白色分生孢子凝结，并逐步消退，转化形成羊肚菌原基，在土面和土缝中出现灰白色针尖状卵圆形原基。在适宜的温度条件下，原基进一步分化形成子实体。

（五）采收与加工

当羊肚菌子实体长至8厘米高，网眼充分张开、菌帽尚未干硬、菌柄仍呈黄白色时，用锋利的小刀从菌柄基部贴近厢面处割断，以不沾泥为度。采回的鲜菇及时清洁后，装箱冷藏保鲜。可鲜销或加工做成冰冻货，或用烘干设施在45 ℃左右鼓风干燥24小时，即可包装出售。

（六）虫害防治

羊肚菌出菇期间，容易遭蛞蝓舔食为害。可在羊肚菌原基分化前，厢面湿度调节至80％后，每667米² 用油茶饼粕4～5千克，均匀撒施于田中，或者使用专用无公害药剂，防治蛞蝓为害。

十八、香菇

（一）简介

香菇 [*Lentinula edodes* （Berk.） Pegler] 为
伞菌目白蘑科香菇属食用真菌。由于树种、光照、
温湿度、纬度、海拔高度等生活条件差异，香菇
形态、品种、色泽上亦有变异。我国长江流域各
地均有自然分布。

（二）生物学与生态学特性

香菇子实体单生、丛生或群生。菌盖圆形，
直径 5～10 厘米，有时达 20 厘米。表面茶褐色、
暗褐色，有深色鳞片。幼时边缘内卷，有白色或
黄色棉毛状物，随生长而消失。菌盖下面有菌幕，
后破裂，形成不完整的菌环。成熟后盖缘反卷，
开裂。菌肉厚，白色，坚韧，干菇具特有的香味。
菌褶弯生，白色，受伤后产生斑点，生长后期变
成红褐色。菌柄中央生或偏心生，内实，纤维质。
菌环以上部分白色，菌环以下部分带褐色。孢子
印白色，担孢子在显微镜下无色，椭圆形、圆筒

形，一端稍尖。菌丝有锁状联合。

　　在不同的生长发育阶段，所需要的温度也不一样：孢子萌芽适宜温度为 15～28 ℃，以 22～26 ℃ 最适宜；菌丝生长适宜的温度范围较广，一般为 5～32 ℃，其中以 24～27 ℃ 最适宜；子实体生长阶段要求温度 5～24 ℃ 之间，以 12～15 ℃ 最为适宜。子实体发生时，要求温度较低，发生之后适应性较强，即使处于较高或较低的温度下也能发育。厚菇和花菇多是在偏低温条件下形成。

　　香菇菌丝在生长发育期间，培养基中的含水量以 50%～55% 为宜。湿度低于 20%，菌丝停止生长甚至死亡。子实体发育期空气相对湿度以 55%～70% 最适宜，这样较易形成花菇，子实体在较干燥的环境中发育，虽然子实体小，但质量好，相对密度大，干品产量高。

　　香菇属于好气性菌类。如果环境中空气不流通，氧气不足，会抑制菌丝和子实体的生长。空气中二氧化碳浓度达 4%，香菇就不能生长。因此，香菇的栽培场所需要通风良好，保持空气新鲜。

　　黑暗的条件下，香菇不能形成正常子实体。光线过强，菌丝和子实体发育也会受到抑制。通常香菇发育所需光照度为 1 000～1 300 勒克斯。

　　香菇菌丝生长要求偏酸性的环境，pH 在 3～7 之间能生长，以 pH 5～6 为宜。

　　香菇喜着生于山毛榉、麻栎、栓皮栎、青冈、桦树等阔叶树倒木上。

（三）利用价值

香菇的营养成分丰富。100克干香菇中含蛋白质13克，脂肪1.8克，碳水化合物54克，粗纤维7.8克，灰分4.9克，钙124毫克，磷415毫克，铁25.3毫克，以及维生素B_1、维生素B_2、维生素C等。此外，还含有一般蔬菜所缺乏的维生素D源（麦角甾醇）260毫克，它被人体吸收后，受阳光照射时，能转变为维生素D。香菇中含有30多种酶，对酶缺乏症病人有较好的疗效。香菇含有腺嘌呤，经常食用可预防肝硬化。另外，香菇含有多菌糖，具有抗病毒、辅助抗癌的功效。

（四）栽培技术

亚热带气候条件下，可利用林下树干、树枝接种木屑或子弹头菌种，保湿培养。也可利用花木、果树修剪下的枝桠，或雪压倒伏的阔叶树树干或枝桠，接种培养。这里主要介绍段木栽培法。

1. 培养基配方与配制 母种、原种、栽培种培养基配方：木屑78%，麸皮20%，石膏和糖各1%。料水比为1∶（1.2～1.3）。

按上述配方称取各组分，先将木屑、麸皮、石膏等培养料放在清扫干净的光滑水泥地面上用铁锹反复翻拌均匀。然后，按料水比称取干净冷水倒入塑料盆等容器中，把糖放入水中溶解后，与其他成分混合均匀后，即可装料。或者用专用搅拌机拌料，半自动袋装机灌袋。

2. 装料与灭菌　选用厚 0.04 毫米以上的优质聚丙烯瓶或聚乙烯塑料袋装料，装料应松紧适度，装完料后扎紧袋口即可进行高压或常压灭菌。或者用锥底直径 1 厘米、高 2 厘米子弹头形专用容器装料后，与其他培养料混合装袋灭菌。每袋装 50～100 个子弹头形容器。常压灭菌时，温度要保持在 95 ℃以上，维持 18～20 小时；或 121 ℃，0.15 兆帕压力下灭菌 60 分钟。出锅后移入接种室内，当温度降至 25 ℃后，即可接种。

3. 接种与栽培种培养　菌种应选用适应性、抗逆性强的无污染健壮原种。在超净工作台上，将原种接入菌瓶或菌袋中，使菌种覆盖培养料面，并较快地萌发生长，接种后立即扎紧袋口，或用封口膜封闭进行培养。

培养室应选用保温、密闭、通风等性能较好的地方，培养料袋应竖直放于培养架上，培养温度控制在 25～27 ℃。定期翻转换位，进行空气消毒，并做好通风、降湿等工作。一般培养 30 天左右，菌丝即可布满整袋，此时菌丝体浓白色，基质易成团，即可用于段木接种。

4. 段木接种　适于栽培香菇的树种很多，如板栗、麻栎、桦树、赤杨、构树等阔叶树种。林下栽培，以此类树种的间伐材，修枝劈下的枝材或采伐剩余物为宜。

选取直径 4 厘米以上间伐材、枝材，锯成 80～100 厘米长的段木，保护好树皮不受损。经过 20 天左右自然风干，至菇木含水量达 20%～35% 时，用直径 8～10 毫米钻头，钻孔 2～3 厘米深，孔径 1.5 厘米，接种孔的行距 6～7 厘米，穴距 10 厘米，"品"字形排列。将培养好的栽培用菌种，特别是锥形菌种塞入钻孔，用消毒黏性泥浆覆盖孔表即可。

5. 管理技术　接种好的段木，要在林下搭成人形架，利用树冠遮阴，定期喷水保湿。或者先在地面上横放一根较粗的枕木，在枕木上斜向纵放 4～6 根菇木，接着，在菇木上横放一根枕木，再斜向纵放 4～6 根菇木，摆放成阶梯形。为使菇木发菌一致必须经常翻堆，即将菇木上下左右内外调换位置。一般每隔 20 天左右翻堆一次。翻堆时切忌损伤菇木树皮。

林下栽培，一般 9 月初接种，在林下 20～25℃环境下，人工补充水分，增加段木表面湿度和空气湿度。菌丝缓慢吃料、发菌，在自然变温和散射光条件下，至 12 月可分化出原基，并陆续长出成熟子实体。收获期可持续至翌年 3 月。

（五）采收、贮藏与保鲜

1. 采收　采收香菇时，要清除菇体上的杂质，挑出残菇，剪去柄基，轻轻放在塑料筐中。刚采收下的香菇应马上进行清理。根据菇盖的大小、厚度分类，菌褶朝下摊放在竹筛上，筛的孔眼不小于 1 厘米。通常采用专用烘干机干燥。先将烘干机预热到 45 ℃左右，降低机内湿度，然后将摊放鲜菇的竹筛分类置于烘干架上。薄菇、含水量少的菇放于架上层，小而厚或菌盖中等的菇置于中层，大且厚的菇或含水量大的菇置于下层。烘烤的起始温度，较干的香菇为 35 ℃，较湿的香菇为 30 ℃。这时菇体含水量大，受热后菇体内水分迅速外溢，为防止菇表出现游离水，烘干机的进气口和排气口应全开，以加大通风量，促使菌褶直立固形。烘烤时，每 3 小时温度升高 5 ℃，当烘烤温度升到 45 ℃时，菇体含水量已很小，此时可关闭 1/3 的进气口和排气口。45 ℃维持 3 小时后，可打开箱门将烘筛上、下层的位置调换，继续烘干，使各层菇体干燥程度一致。以后每小时升温 5 ℃，当温度升到 50 ℃时，关闭 1/2 的进气口和排气口。温度升到 55 ℃时，菌褶和菌盖边缘已完全烘干，但菌柄还未达足干，这时要停止加热，使烘烤温度下降到 35 ℃左右。由于此时菇内温度高于菇体表面温度，加速了菇内水分向菇体表面扩散。4 小时后重新加热复烘，温度升到 50～55 ℃时，打开 1/2 的进气口和排气口，维持 3～4 个小时后，关闭进气口和排气口，控制烘烤温度 60 ℃，维持 2 小时，即可达到足干。

2. 贮藏 干制后的香菇含水量在 13% 以下，此时若用手轻轻握菇柄，易断，并发出清脆的响声。不宜过度干燥，否则易破碎。干香菇易吸湿回潮，应按分类等级装在双层大塑料袋里，封严袋口。也可根据客户要求，按等级、重量分装在塑料袋里，封严袋口，再装硬纸箱。放在室温 15℃左右、空气相对湿度 50% 以下的阴凉、干燥、遮光处，要防鼠、防虫，经常检查贮存情况。

3. 保鲜 香菇采收前 10 小时停止喷水，七八成熟时采收，精选去杂，切除柄基，根据客户要求标准分级，然后将香菇菌褶朝下摆放在席上或竹帘上，置于阳光下晾晒，秋、春季节晾晒 3～4 小时，夏季晾晒 1～1.5 小时。晒后的香菇脱水率为 25%～30%。这时手捏菇柄有湿润感，菌褶稍有收缩。分级、定量装入纸盒中，盒外套上保鲜袋，再装入纸箱中，于 4℃以下保藏。

林下近自然环境下，获得的香菇子实体天然香气浓郁，是地道的有机食品。经过适当包装，可成为高档有机农产品。

十九、 天麻

（一） 简介

天麻（*Gastrodia elata* Bl.）又名赤箭、独摇芝、离母、合离草、神草、鬼督邮、赤箭脂、自动草等，是兰科天麻属多年生草本植物。在我国已有2 000多年的药用历史。汉代《神农本草经》称之为"治风之神药"。《本草纲目》《神农本草经》《药性论》《医学启源》《纲目》《雷公炮制药性解》《开宝本草》《本草汇言》《本草新编》等均记载天麻性味甘、无毒、气平；主入肝经，可平肝息风，定惊。对眩晕眼黑、头风头痛、肢体麻木、半身不遂、语言蹇涩、小儿惊痫动风、祛风止痛、肢体麻木均有疗效。《中国药典》各版将其列为保护品种。2002年，卫生部将其列入保健食品名单。因此，天麻属于珍贵食药同源或食药两用植物。

（二） 生物学与生态学特性

天麻茎单一，直立，无绿叶。高30～150厘米，黄褐色。叶鳞片状，膜质，下部鞘状抱茎。总状花序顶生，长 5～30 厘米；苞片披针形；花淡绿黄色或橙红色，萼片与花瓣合簇成壶状，口部偏斜，顶端 5 裂；唇瓣白色，先端 3 裂；子房倒卵形。蒴果长圆形或倒卵形。种子呈粉末状。花期 5～6 月，果期 7～8 月。须与白蘑科蜜环菌 [*Armillariella mellea* （Vahl ex Fr. ）Karst] 共生。

天麻喜凉爽湿润环境，耐寒，怕高温。天麻无根，无叶绿素，依靠蜜环菌提供养分。蜜环菌是一种兼性真菌，常寄生或腐生在树根及老树干的组织内。在 6～8 ℃时开始生长，土壤湿度 60%～80%，温度 20 ℃时能正常生长，生长最适温度为 20～26 ℃，28 ℃以上生长缓慢，32 ℃以上停止生长。天麻与蜜环菌是营养共生关系。蜜环菌菌素侵入天麻块茎的表皮组织，菌索顶端破裂，菌丝浸入皮层薄壁细胞，将表皮细胞分解吸收，菌丝继续向内部伸展，而菌丝反被天麻消化层细胞分解吸收，供天麻生长。

（三） 利用价值

天麻含有天麻素、香荚兰醇、天麻醚苷、派立辛、香草醇、β-谷甾醇、对羟基苯甲醛、柠檬酸、琥珀酸等。

天麻可降低脑内多巴胺（DA）和去甲肾上腺素（NA）含量，并抑制中枢 DANA 功能神经末梢对 DANA 的重摄取和储存。能使心肌收缩力增强而增加心血输出量，具有促进心肌细胞能量代谢，改善心肌血液循环，增加抗损作用。对中央动脉血管有顺应性的改善作用，使得主动脉、大动脉等血管弹性增强，从而增强了血管对血压的缓冲能力。能提高人体缺氧能力，对高温、高海拔地区作业人员具有保护作用。天麻常用于治疗中风偏瘫、手足不遂、口眼歪斜、肢体麻木、筋骨疼痛、风湿关节炎、神经衰弱、失眠、头痛、头晕、四肢拘挛、高血脂、高血压、老年性痴呆、帕金森氏症等。具有助阳气、壮身延年、长阴肥健、补五劳七伤、通脉开窍等功效。长期用药无毒性。

（四）栽培技术

1. 种子准备　采摘成熟天麻蒴果，并随采随播，以确保种子生命力。事先准备好萌发菌、蜜环菌菌材和阔叶树树叶。备一干净容器（盘或盆），将在无菌条件下培养的萌发菌菌包撕开，菌种放到盘里捏碎，再把蒴果捏开，用嘴将种子吹散到萌发菌上，多次翻动使种子拌和均匀。每平方米用蒴果 15～20 个，萌发菌 4～5 包。

2. 石斛小菇菌种的繁殖与种子促萌　天麻种胚由胚柄细胞、原胚细胞和分生细胞组成。天麻种子共生萌发菌如石斛小菇、紫萁小菇以菌丝形态由胚柄细胞侵入种胚，原胚细胞不断消化侵入菌而获得营养，最后细胞内充满菌丝，细胞质、核消失，变为菌丝集结细胞。同时分生细胞大量分裂，胚长大，天麻种子发芽，即形成原球茎。所以，石斛小菇、紫萁小菇等萌发菌对天麻种子萌发长成原球茎至关重要。萌发菌纯菌株的分离方法是组织块分离法，纯化后得到母种，再一级级扩大培养成栽培种。

3. 蜜环菌木片菌种生产 天麻种子萌发形成原球茎或营养繁殖茎后，通过消化侵入的蜜环菌菌丝而获得营养，进而形成健壮白麻。所以，天麻栽培过程中，必须引入蜜环菌菌种。

蜜环菌菌种制作方法包括母种、原种、栽培种制作，方法与一般食用菌菌种制作方法类似。栽培种的培养基则特别注意应采用新鲜壳斗科树种的木片，在室内无菌条件下培养好菌索密集的蜜环菌木片菌种，抗性强，空窖率低，可直接用于天麻栽培。

4. 基地选择与栽培 土壤要求渗水性、透气性良好的疏松沙壤土、沙土、壤土，pH 5.5～6.8。亚热带东部地区栽培地宜选择海拔 600～1 200米的地带。林下栽培可选杉木、核桃、光皮树等人工和自然林地，坡度 10°～20°，半阴半阳，郁闭度 0.6～0.8。

(1) 种麻的繁殖与栽培 11 月或 3～4 月，沿林地等高线整地作窖，窖底宽 45～55 厘米，深 40

厘米，长度依山势而定。窖面平整，去除土中碎石、树根、树枝等杂物，将直径5～6厘米的阔叶树（白栎、麻栎、桤木等）新材锯成35～40厘米长一段，摆放在窖沟里，上盖一层长满蜜环菌菌索的菌材，再撒施一层拌有萌发菌的新鲜杂交天麻种子，覆盖一层用水浸泡12～24小时的阔叶树树叶，加盖一层阔叶树枝条或小树干（直径4厘米以下），然后覆土15厘米左右，表面用落叶或杂草覆盖。可单层栽培也可多层栽培。种下5个月后，可收获一部分箭麻、白麻、子麻和大量的米麻。箭麻可作商品麻加工、出售，其余可作商品麻（无性繁殖）栽培用的种麻。种麻重新下种后10个月，又可收获部分种麻及商品麻。

（2）商品麻栽培（无性繁殖） 11月或3～4月，整地作窖，方法同上。将窖底土挖松，整平后铺上一层阔叶树树叶，然后把事先准备好的栽培材料与室内培养好的蜜环菌材相间排列整齐，菌棒间距离3～7厘米，中间填充阔叶树的树枝、树叶。将种麻紧靠在菌棒两侧及两头，每根菌棒放种麻6个左右，在空穴处斜向摆放栽培材数根，用土覆盖，棒面上保持土厚3厘米左右。依同法可栽1～3层，栽完后盖土15厘米左右，表面用落叶或杂草覆盖。

5. 栽后管理 天麻栽种后不必施肥和松土除草。且严禁人畜踩踏。特别干旱时可浇水保湿，连续多雨时应注意排水。经常检查穴面覆盖物是否被风刮走或被雨水冲坏，并及时修复。发现白蚁或鼠害严重时，可用敌百虫等杀虫药与炒香的麦麸拌匀，于傍晚置于栽培床边或作业道间诱杀，切忌直接将药剂撒施于床面，以免药剂渗入天麻或菌材上。

（五）采收与加工

1. 采收　采收时间一般在深秋或初冬（即10～12月）。采收时，小心将表土扒去，取出上层菌材以及填充料，然后轻轻将天麻取出，及时分类，箭麻、大白麻作商品麻，中小白麻、米麻作种麻。

2. 贮藏保鲜　商品麻不耐储藏，要及时清洗加工。种麻要贮藏在温度0～10℃的洁净房内，屋内用砖砌一池床，池内放一层种麻一层河沙，以种麻互不相碰为度。河沙要求无污染，湿度25%左右。

3. 商品麻加工　先将商品天麻洗干净，可切片或整体蒸煮。待水开时上锅蒸约25分钟（时间长短依天麻大小而定）后烘干。前期烘干温度在60℃左右，维持3～4小时，以后降到45～50℃，通风排潮，至干透为止。

4. 包装　用尼龙-聚乙烯复合膜（PA/PE）真空包装袋封装，低温干燥处保存。处理不好的，易生虫或霉变。

二十、 香椿

（一） 简介

香椿 [*Toona sinensis* （A. Juss.） Roem.] 又称香椿头、香椿芽，为楝科香椿属多年生木本植物。香椿的嫩叶、嫩芽因风味清香浓郁、脆嫩多汁、营养丰富和食用方便，深受消费者喜爱，是市场上畅销的优质高档蔬菜之一。

（二） 生物学与生态学特性

香椿是多年生的落叶乔木，可高达 10 米以上。叶互生，为偶数羽状复叶，小叶 6～10 对，长椭圆形，叶端锐尖，长 10～12 厘米，宽 4 厘米，幼叶紫红色，成年叶绿色，叶背红棕色，轻披蜡质，略有涩味，叶柄红色。叶痕大，长 40 厘米，宽 24 厘米。6 月开花，10～11 月果实成熟。种子椭圆形，上有木质长翅，种粒小，发芽率低，含油量高，油可食用。

香椿是喜温阳性树种，喜光，不耐寒、旱，抗污染性能差。浅根性，萌蘖力强，耐水湿，对土壤酸碱性要求不严，但以深厚肥的微酸性、中性、微碱性及海拔 300 米以下的山麓、溪谷、宅旁、路旁、菜园地边及溪沟两旁冲积平坦的沙质或石灰质土壤生长良好。

（三）利用价值

香椿嫩芽味美可口。每年 3～5 月，由南向北次第发芽。此季节为香椿采摘期，亦为最佳食用期。

根皮、树皮、嫩枝及果实均可入药，有收敛、止血、祛湿、止痛之效。性味苦，微温。主治赤白久痢、痔疮出血、赤白带下、跌打肿痛、食欲不振等症。

香椿木材为红褐色，纹理美观，质坚韧有光泽，保存期长，耐水湿，耐腐朽，为家具、器具、造船、三弦琴腹板等良材。有中国"桃花心木"之称。其又因树形、树叶皆美，树干通直，宜作庭院绿化及行道树栽培。

（四）育苗技术

1. 播种育苗

（1）**种子处理** 选择生长健壮、无病虫害、抗性强、树龄 15～20 年生的母树，10 月中下旬当蒴果由绿色变为黄褐色时采收，采回后在阳光下摊晒，待蒴果开裂后收集种子，去杂、装袋、干藏。香椿播种于2～3月进行。播种前，先浸种催芽。即将种子用温水浸种15～20小时，捞出后放入布袋或容器中，置于25～30℃条件下催芽。每天翻动种子1～2次，待有1/3的种子露白后，即可播种。催芽不宜过长，否则播种时易折断，出苗率低。

（2）**圃地选择及施肥**　苗圃地宜选疏松、肥沃、排水良好、地下水位较低、保水保肥、交通方便的沙质壤土。每667米² 施足厩肥1 500千克、磷肥50千克、尿素10千克，然后进行深翻细耕。

（3）**播种育苗**　每隔25厘米成行播种或均匀撒播，播种量为每667米² 2.3～4.0千克，覆土不宜超过1厘米。当苗木出土后注意除草，长至9～10厘米时疏苗或补苗，留苗以15～20厘米间距为宜。7～8月加大施肥量。出苗前后要使土壤一直保持疏松、湿润状态，但是切记不可有积水。高温干旱时要注意防旱遮阴，雨季要注意及时排涝。

2. 埋根育苗　埋根育苗成活率高，易管理，苗木质量好，成本低。种源可采集健壮母树上的侧根。3～4月采集种根，采后及时剪截，长度15～20厘米。随采随育。为使苗木生长整齐，应按粗度分级。苗高10厘米时要及时剪去弱芽，留壮芽1个。香椿根具有较强分蘖力，可留根育苗。一般产苗量为每667米² 3.0万～4.5万株。香椿裸根苗，质量要求地径大于0.8厘米，苗高大于60厘米，无检疫对象，色泽正常，木质化充分，无机械损伤，根系完整。

（五）栽培技术

1. 造林地清理　选择阳坡土层深厚、湿润、肥沃的沙壤土及 pH 5.5～8.0 的林地或农耕地，清除杂灌木。在坡度 25°以下缓坡地带，宜进行全垦整地，清除树桩、藤根、石块等，对 25°以上坡度的林地应采取水平带整地或块状整地，保留一定面积的草带，以利保持水土。穴的规格一般为 60 厘米×60 厘米×40 厘米，且尽力做到表土回穴。同时每穴施腐熟厩肥 10 千克和过磷酸钙或钙镁磷肥 0.5～1.0 千克作基肥。

2. 造林密度　香椿是一种阳性速生树种，喜光，需要相当大的营养空间。以培育用材为目的可适当稀植，株行距一般 2 米×2 米为宜。以培育食用香椿为目的，株行距一般 1.5 米×1.5 米，每 667 米^2 栽 4 500 株。

3. 适度套种　造林初期 1～3 年内可套种豆类作物或绿肥。套种作物需与香椿保持 50 厘米的距离。通过对作物除草、松土、施肥等，可起到以耕代抚、以短养长，并促进香椿生长的目的。

4. 幼林抚育　雨季结束后除草松土，冬季深挖松土。以摘取幼芽嫩叶为经营目的的，应在芽开始萌动前，摘去顶芽或在 1 米处左右截干，抑制株高生长，促其多萌侧芽、壮芽，以提高产量、质量。

春夏松土时以施氮肥为主，"冬挖"则以施有机肥为宜。施肥后应覆盖薄土，以防肥料蒸发散失。

（六）采收与加工

1. 采收 香椿栽植后第二年即可采收香椿芽，前3年每年采收顶芽一次，以促进侧枝萌发，培养树冠。3年以后，每年采收2~3次。长15厘米左右、颜色紫红的芽均可采摘。采收时先采顶芽，后采侧芽，用手齐叶柄基部轻轻摘下，每个骨干枝上必须保留1个强壮的侧芽，去除细枝、弱枝。

香椿采收方法有两种。一种是掰芽法，即待新发的嫩芽长到15~20厘米长时，从芽基部整个掰下；另一种是掰叶法，即将嫩芽外层长度足够的夏叶从叶柄基部掰下，每芽每次掰1~2片复叶，留下内层复叶，隔3~4天再采。

2. 加工

（1）腌制法 将新鲜的香椿洗净，用开水（100℃）烫一下，滤干后用盐腌制，存放在阴凉（10℃以下）处。此法在山东、北京一带的农村广泛使用。但存放时间较短，需1~2个月。

（2）油浸法 将新鲜的椿芽洗净，用100℃开水烫后滤干，放入干净容器内，再倒入植物油，油以淹没椿芽为度。此法可使椿芽存放时间大大延长，且能保存椿芽浓郁的香味。

二十一、 楤木

（一） 简介

楤木（*Aralia chinensis* Linn.）为五加科楤木属植物。又名刺乌爪、乌龙头。茎直立，顶芽粗大，一般高 2～8 米。是一种颇受欢迎的山野菜。药用价值也很高，具有祛风除湿、利尿消肿、活血止痛的功效。可用于肝炎、淋巴结肿大、肾炎水肿、糖尿病、胃痛、风湿关节痛、腰腿痛、跌打损伤的治疗。

（二） 生物学与生态学特性

树皮灰色，通常具有针刺及斜环状叶痕，小枝密被黄褐色茸毛，疏被细刺。奇数羽状复叶，集生枝顶，长 40～100 厘米；小叶纸质或近革质，卵形至长卵形，长 5～12 厘米，先端尖或渐尖，基部狭圆形，不对称，叶缘具锯齿，下被黄色或灰色柔毛；叶柄基部抱茎，连柄复叶长 0.4～0.8米。伞形花序集生成大圆锥花丛，顶生，长达 60厘米。核果近球形，具 5 角棱，黑紫色。种子扁平。花期 7～8 月，果期 9～10 月。

顶端优势极强，在 1～3 年内，若没有人为干预，一般只有顶芽发芽生长，而侧芽一直处于休眠状态。幼嫩的皮刺在嫩芽未长到 0.15 米时较软，不影响食用；但当嫩芽长到 0.15 米以上时，皮刺逐渐变硬，芽菜也随之失去食用价值。

楤木在我国南北均有分布。喜肥沃、排水顺畅的壤土，要求空气湿润、凉爽的环境。在土层较深、富含腐殖质、排水良好、pH 5.0～6.0 的土壤中生长较好。

（三） 利用价值

楤木嫩芽是著名的有机山野菜。味道清香鲜美，各种氨基酸总含量为 26.13%，为蕨菜的 2 倍。嫩芽含有 22 种无机元素，其中人体必需的钙、镁、磷、铁、锰、钴、镍、锗等元素的含量高于人参，特别是锗的含量比人参高 3.6 倍。有机锗在人体内可以促进脑内血氧供应，食用后可以增强脑功能，延缓脑衰老。茎皮中含齐墩果酸、刺囊酸、常春藤皂苷元，以及谷甾醇、豆甾醇、菜油甾醇、马栗树皮素二甲酯等，具有祛风除湿的功效。叶片可以有效降低血胆固醇。其根皮、树皮可以治疗胃癌。楤木皂苷具有强心、抗炎、利尿作用，具有缓解体力、脑力疲劳，增强人体免疫力的功能，对老年痴呆、腰腿痛、高血脂及神经衰弱综合征均有类似人参的作用和疗效。

（四）育苗技术

1. 种子采集与处理 楤木种子在 9 月下旬成熟。在楤木林中选择粗壮、高 4 米以上、结实率高的个体采种。先剪取果穗装入袋中，运回至阴凉干爽处堆放。当大部分种子自然脱落时，除去杂质，洗净沥干水分，用 10% 的次氯酸钠溶液浸泡 5～6 小时消毒，沥干后即可秋播。种子的发芽率和发芽势均可达到 90% 以上。

2. 圃地的选择与作床 楤木育苗对立地条件要求较高，要求选择避风向阳、水源充足、较平整、排水良好、pH 5.0～6.0 的沙壤土作苗床。每 667 米^2 用腐殖土 2 000 千克，翻入土中，耙细整平，作成南北向长 6 米以上、宽 1.2 米左右、床高 20 厘米的苗床，步道宽 35 厘米。苗床中部排水沟深 40 厘米。将约 4 厘米的松散黄土覆于床面，耙细整平待用。

3. 播种 在整平的床面上开宽 3～4 厘米、深 2 厘米、行与行之间宽 25 厘米的播种沟。用 5% 的高锰酸钾溶液均匀喷雾消毒，2 天后再将处理过的种子播于沟内。因楤木种子小，播种要均匀，种子与种子之间间隔 3 厘米为宜。播种后立即耙平床面，浇一次透水。床面用遮阳网覆盖，用绳固定，至发芽前注意床面保湿。

4. 苗期管理 楤木种子在 4 月上旬发芽出土。1 个月后撤除遮阳网。楤木初期苗木生长缓慢，应及时做好除草、松土和适量的施肥工作，雨季要清沟排水。当苗木进入生长盛期（4 月下旬至 8 月中旬），注意浇水保湿、除草，并适当追施薄肥。8 月中下旬之后，应停止施肥。11 月落叶后即可移栽和出售苗木。

（五）栽培技术

1. 起苗与栽植 芽进入休眠至萌动前，是起苗和栽植的最佳季节。用利铲撬起根部，严禁用锄挖苗。起苗后，即将根部蘸泥浆，并用编织袋装袋保湿，运抵栽植区。栽植时，株行距 80 厘米×80 厘米，做到苗正、根舒，浇足定根水。

2. 栽植密度 在山坡建园时，密度宜保持在每 667 米² 1 500～2 500 株。小株距、大行距的配置方式是一种较为理想的模式，以株距 0.3 米、行距 1～1.2 米为宜。在林下种植时，选择郁闭度 0.4～0.5 的人工林，根据林穴大小灵活控制密度，一般保持每 667 米² 约 800 株。

3. 田间管理 栽植当年除草 2 次，第二年适当追肥，种类以有机肥为主。坡地建园初期，要特别注意浇水。初秋，杂草种子成熟前，及时除草并覆盖楤木园地，既可抑制土壤中杂草种子萌发，又可增加土壤有机质，增加土壤湿度。第二年后，楤木根系发达，抗旱能力较强，不必再浇水抗旱。

楤木建园后，翌年春开始修剪，定干高度为0.3米。以后每年冬季都要进行修剪，修剪工作应在2月底新芽萌发之前完成。

（六）采收

楤木顶芽在长到0.1米左右时质量最佳，此时食用口感细嫩、清鲜微苦，最能体现山珍风味。待长到0.15米时，较粗壮的芽菜质量仍然很好，但瘦弱植株顶芽质量已开始下降。再长则失去食用价值。楤木芽菜宜在天气晴朗的早晨或上午进行采摘，采摘时用果枝剪剪下或小刀割下，这样采摘伤口处受阳光照射不会产生伤流，有利于保护树体健康。

对植株矮小的楤木只采收顶芽。对于立地条件好、植株生长旺盛的楤木，为增加当年产量，可以有节制地增加采收次数。一般在前两次采收后，降低采收时的芽长标准，以提高所采楤木芽的质量，并减少植株的养分消耗，利于树体复壮。楤木的整形修剪要于3月底以前完成。

二十二、紫萁

（一）简介

紫萁（*Osmunda japonica* Thunb.）为蕨类植物门紫萁科紫萁属多年生宿根草本植物。又名拳头菜、如意菜、龙头菜等。其主要食用部分为幼嫩叶柄及未展开的拳卷叶。广泛分布于我国西北、华北、华南、西南各地，著名产地主要是内蒙古、辽宁、河北等地。紫萁全株均可入药，具有清热化痰、利尿安神的功效。紫萁已成为一种绿色、保健蔬菜，深受国内外消费者青睐。

（二）生物学与生态学特性

紫萁的茎为长而横走的根状茎，并能分枝，表面黑褐色，幼嫩时见光后变成绿色。茎外部生有不定根、叶芽、毛等附属物。紫萁不定根着生于根状茎上，由中柱鞘产生，是紫萁吸收养分和水分的主要器官。紫萁成株展开叶为奇数三回羽状复叶，呈阔三角形或卵形三角形，长25～40厘米，宽20～30厘米；沿各回羽轴及叶边缘疏生短茸毛；叶柄粗壮、绿色（埋在土中的部分呈淡褐色）、凹形，长 20～40 厘米。孢子囊生于羽片叶背面的边缘，相连不断，呈线性，初期为绿色，成熟时转为褐色，形状呈扁圆状，囊上有侧生加厚环带。孢子近似四面体，表面具有不规则的雕纹，它是紫萁的繁殖体。

紫萁常见于次生林、火烧迹地和撂荒地。喜湿润、凉爽的环境条件，耐寒。4 月初出土，此时气温 18～27 ℃，昼夜温差 10 ℃左右。5 天左右可长到 30 厘米以上，是最佳采收时间。8～10 天即展叶，展叶后叶柄老化不能食用。8 月上旬至 9 月上旬孢子成熟，成熟后随风传播，产生新的个体。

紫萁喜散射光环境，成年紫萁比幼小紫萁稍耐强光。不耐旱，喜湿润、有机质丰富的酸性土壤。

（三） 利用价值

紫萁脆嫩甘甜，清香浓郁，风味独特，营养丰富。据测定，每 100 克鲜紫萁中含水分 86.23 克，蛋白质 1.6 克，脂肪 0.4 克，碳水化合物 10 克，粗纤维 1.3 克，钙 24 毫克，磷 29 毫克，铁 6.7 毫克，胡萝卜素 1.7 毫克，还含有氨基酸、谷氨酸、生物碱等物质。经常食用具有安神、降压、利尿、解热、驱虫等功效。

紫萁中的蕨素对细菌有一定的抑制作用，能

清热解毒、杀菌消炎。紫萁的某些有效成分能扩张血管、降低血压，还可以止泻利尿，所含的膳食纤维能促进胃肠蠕动，具有下气通便的作用，能清肠排毒。民间常用紫萁治疗痢疾及小便淋漓不通。常食能补脾益气，增强抗病能力。

（四）繁殖方式

1. 孢子繁殖 紫萁孢子群沿叶背边缘着生，7～9月，孢子成熟后为褐色绒毛状，掌握时机，割取株茎，放在纸袋内，存于通风干燥室内，干后孢子囊开裂，收集装入小塑料袋内密封，放入0～4℃冰箱中存放。

翌年4月，当气温达15℃以上时，选郁闭度0.5～0.6的人工林内腐殖质多的林下空地作床，也可在疏林地、阴坡地块沿坡等高线做宽1～1.2米、高0.1～0.15米、长5～20米的苗床。先将苗床表土翻深15厘米，拍碎土块，细致搂平床面，表面越细越好。向床面喷足水，以利粘住孢子。将孢子与10倍经消毒的细沙混合，充分拌匀，撒向床表，撒孢子量为每100米^2 50克。

床面覆盖0.5～0.8厘米厚稻草。向床面喷水，每天清晨、傍晚各一次，保持床面湿润，3～5天后孢子萌发，一周后撤除覆草，20天左右绿色的叶原体形成。当心形叶原体长至直径约0.35厘米大小时，受精开始，每天早晨喷水一次，连续6～7 天。原叶体受精后死亡，根状茎伸入土中吸收水分、养分，随后长出不定根和叶柄，发育成较完整的幼小紫萁苗。见苗后，要随时拔除床面杂草，确保幼苗正常生长。紫萁苗在床上生长，经过两个生长季后即可移植，或者现苗后移栽至育苗营养钵中培养一个生长季。

2. 根状茎繁殖 春季在紫萁萌动及生长期间均可挖取根状茎，截取长 15～20 厘米、着生1～2 个健壮鳞芽的根状茎作为栽培材料。将挖取的根状茎用土包埋。栽植前，选择郁闭度 0.5～0.6 的林地空隙筑床，将有机肥施入，深翻 20 厘米，开沟 15 厘米深，将根状茎平放，鳞芽朝上，然后覆土填平栽植沟即可。浇透定植水。一旦开始出苗，要保持地面湿润。松土时，以划破土壤表层为宜，以防鳞芽受伤。

（五）栽培技术

1. 园址选择 山地、丘陵，坡度30°以下，坡向在长江以南不限，长江以北则以南及东西坡向为好。落叶阔叶树或针叶树下均可，郁闭度不大于 0.6。土壤以壤土、沙壤土为宜，土壤腐殖质层厚度 5 厘米以上。

2. 整地 按山坡等高线做畦，宽 1～1.2 厘米，高 15～20 厘米，长度依地形及树木根桩位置而定。细致整平，上铺 5～10 厘米厚腐殖土、农家有机肥或腐熟细碎的枯枝落叶。

3. 栽植 在 11 月之后或 3 月中旬前非冻期栽植均可。如果是容器苗，则不受时间限制。将根状茎挖出，顺畦表开 15 厘米深沟，沟距 20 厘米，将根茎顺沟平摆于沟内，覆土厚度 3～5 厘米，踩实。孢子繁殖而成的苗，最好第三年栽植。按 0.4 米×0.6 米株行距栽植于畦上，每穴 1～2 株，让根系舒展，覆土厚度 3～4 厘米，并踩实。

4. 管理 植苗后应立即向畦面喷足水，确保植苗成活。春季采收前若土壤干旱，应浇水，以保证紫萁嫩茎肥实。为使紫萁生长健壮，提高产量，每年晚秋出叶后或早春芽出土前，向畦面施 1 次农家肥，施入量为每 667 米^2 2 000 千克，深度 10 厘米左右。有条件的，可采取严格控制的计划用火方式处理畦面枯落物，使之成生物炭，以此改善土壤肥力，提高紫萁商品率。栽植当年紫萁苗弱，生长季节应适时除草，以促进幼苗生长。林下种植的紫萁，当树木郁闭度超过 0.6 时应及时疏除下层主枝及侧枝，以确保光照合适。修枝要严格以保证树干良好干形为原则，用利刀贴干修平，勿留长桩。

（六）采收与加工

1. 采收 紫萁栽植第一年一般不采收，以利发根壮根，培植根茎。第二年春当紫萁出土 20 厘米左右时，嫩叶处于卷曲未展叶时采收，采大留小，保持完整的形状，采收后及时整理，扎成大小一致的小把。

采收一次后，隔 7～10 天后可再次采收，可连续采收 3～4 次。因气温较高，嫩茎容易老化而失去食用价值。因此，采后应立即置室内阴凉处冷却，并用开水杀青处理后冷藏，也可制作成干品或熟食。紫萁种植一次通常可采收 10 年左右。

紫萁收获后，可任其继续自然生长。5～6 月可施一次有机肥。11～12 月，可割除地上部分并按前述方法控制烧除，以利翌年嫩茎生长。

2. 加工

（1）**干制**　紫萁采收后立即整理，用开水煮沸 10 分钟，捞出置竹簸上晾晒，当外皮风干时，用手揉搓，反复搓、晒 10 余次，经 2～3 天即可晒干。也可采用专用干燥设备和相应干燥技术，如远红外干燥、微波干燥、真空干燥等。

（2）**腌渍**　紫萁腌渍加工分整理、扎把、初盐、复盐、包装等工序。选苗整理是去掉杂质和老化部分，然后按标准（长 20 厘米以上）扎把。初盐时，在大缸中一层紫萁一层盐，用盐量为紫萁重量的 20%。经 7～10 天后倒缸复盐，用盐量为紫萁重量的 10%～15%，经 10～15 天后即可包装。

（3）**制作罐头**　软包装（软罐头）是紫萁良

好的罐藏容器，由复合塑料薄膜包装制成。复合塑料外层是双轴拉伸聚酯膜，中层为铝箔，内层是聚烯烃薄膜，3层之间用耐热粘接剂紧密贴合。紫萁罐头经过原料选择、清洗、热烫、冷却、装罐、排气及密封、杀菌、冷却、入库、贴标装箱等工序，即可出厂销售。

二十三、 楠竹

（一） 简介

楠竹［*Phyllostachys heterocycla* （Carr.） Mitford cv. *Pubescens*］又名毛竹、孟宗竹，为禾本科毛竹属多年生植物。广泛分布于热带、亚热带和暖温带地区。我国楠竹资源丰富，主要分布于湖南、福建、江西、浙江、广西、四川等省份。楠竹生长快，适应性强，材质好，用途广。楠竹笋是初春竹鞭或秆基上萌发而成的膨大芽和幼嫩茎。

（二） 生物学与生态学特性

楠竹生长迅速。秆发育成熟仅需 4 年，4 年可砍伐利用，7 年后材质逐年下降。地下茎可年年行鞭、出笋、成竹。楠竹地下茎又称竹鞭，由节和节间组成，每节有一个芽，可发育成笋，也可发育成新的竹鞭。竹鞭生长发育靠鞭梢，鞭梢靠鞭箨包被，具有强大的穿透力，在疏松湿润的土壤中，竹鞭粗壮节稀，一年钻行生长可达4～5 米。竹鞭垂直分布于土层 5～50 厘米，也有深达 1 米以上的。

　　立秋前后，楠竹竹鞭上一部分肥壮侧芽开始萌动分化成笋芽，白露时萌动分化最旺，初冬笋体肥大，笋箨呈黄色，有茸毛，即为冬笋，冬季低温时，竹笋进入休眠状态。春分左右，当旬平均气温约为 10 ℃时，竹笋继续生长出土，成为春笋，清明时出土最盛，到立夏前结束。竹笋出土后以高生长为主，出土到新竹长成需 2 个月左右。因营养不足、气候异常（低温、干旱）和病虫害等会导致母竹竹鞭和笋芽生长状况不良而退笋。

　　楠竹是多年生常绿树种，喜温暖湿润的气候条件，不耐寒。要求年平均气温 12.6～21 ℃，年降水量为 900～2 000 毫米，自然分布于北纬23°30′～32°20′，东经 104°30′～122°。楠竹喜土层深厚，土壤孔隙度、透气性良好及 pH 4.5～7.0 的板岩、花岗岩、砂岩等母岩发育的红壤、黄红壤、黄壤。常生长于海拔 800 米以下、土壤肥沃、水湿条件好、避风的山谷地带。

（三）利用价值

　　1. 营养价值　　楠竹笋特点是高纤维低脂肪、营养齐全。楠竹笋水分含量在 90%以上，总糖含量低于一般蔬菜，但其中可溶性糖所占比例较高，达 60%以上。楠竹笋蛋白质含量随笋龄增长而下降，笋体从上至下，蛋白质和脂肪减少，总糖、粗纤维增加。楠竹笋营养价值并不突出，但因膳食纤维含量高，是良好的减肥和保健食品。

2. 药用价值 楠竹笋性味甘寒、入肺胃经，具有清热化痰、解毒透疹、和中润肠的功效，适于治疗热毒痰火内盛、胃热嘈杂、口干便秘、咳嗽痰多、食积不化、脘腹胀满等症。楠竹笋含有丰富的纤维素，能促进胃肠蠕动，有助消化，又可消除便秘，预防肠癌的发生。楠竹笋是一种高蛋白、低脂肪、低淀粉的食物，因而对肥胖病、高脂血病、高血压、冠心病、糖尿病和动脉硬化等有一定的预防作用。

（四） 栽培技术

1. 选地与整地 笋用竹栽培地宜选择排水良好、土层深厚、肥沃疏松的沙土、沙壤土。楠竹笋对水分要求高，但又怕水渍，因此选择地势略高、排水良好的地方。缓坡地带按地形先开垦水平阶梯，如果坡度较大，也可在各预定栽植点，开垦单株栽植穴。

2. 种竹的选取和培育

（1） 母竹选取 在定植后五年生竹丛中选取一年生无病虫害的健壮幼竹。因幼竹笋目（大型芽）饱满，积累养分多，易发根，成活快。清明前，挖取母竹。一般离母竹 30～40 厘米处下锄，尽量保留支根和须根。挖好的母竹要立即用稻草包裹，并于 1.5 米高处将竹秆截断。过低，秆节上隐芽少，难以抽枝展叶；过高，则栽植后茎秆会随风摇动，影响成活。切口要斜、平，并用薄膜包扎，以防水分蒸发过快或雨后积水。母竹挖好后，应立即将竹蔸上蘸上黄泥浆，并用稻草或塑料布包扎，运送到造林地栽植。如果久置后竹蔸失水过多，应立即解除包装物，置水中使之充分吸水，再进行定植。

母竹移栽，用工量大，且对当年竹笋有影响，不宜大面积采用。

(2) **竹枝育苗**　也叫埋枝育苗。丛生竹主枝（或粗壮侧枝）的基部根点，在适当条件下能萌发新枝，利用这一特点可繁殖新植株。

圃地选择、整地、起畦和管理要求同普通育苗。于 11～12 月，在苗床上按 14～16 厘米的株距和 25～30 厘米的行距开沟，将用利刀剥下的芽眼饱满的主枝或侧枝斜放，隐芽朝向两侧，最下一节入土深度 5～8 厘米，切口与地面齐平，露出最上 1 节的枝叶。然后盖草，充分淋水。前期搭棚遮阳。40 天后可施一次稀薄氮肥。3 个月后即可移植造林。

(3) **定植**　在选好的造林地上，冬季挖好栽植坑，春季移栽。母竹栽植宜在阴天或雨后进行。在气候干旱时，栽后应在根部浇水，也要在种竹顶端截断处的竹节中灌水，以防竹秆干裂危害侧芽的生长发育。如果是竹枝育成苗，时间可略迟。

采用母竹定植，在定植坑内挖好定植穴，在穴底填放一层细土，使母竹根与肥料隔开。此时将母竹斜放穴内（斜植角度 30°左右），以便栽植后扎缚支柱，且利笋芽发散伸展。若母竹直立，笋芽常垂直挤压，不利发育。栽植后覆盖土壤时，母竹应保留上端 1 节露出表土。

采用竹枝育苗定植时，先将竹苗浆根，然后斜植定植穴内，逐渐填土踏紧，深度 15 厘米左右，使侧枝向外倾，盖土后略呈凹形，便于淋水。

不论是母竹定植，还是竹枝育苗定植，定植完毕后都要淋足定根水。穴面上能覆盖一层半腐熟的稻草，效果更好。

3. 抚育管理　新竹移植后，每隔 3～4 天或一周浇水一次，植后 4 周观察有无发芽。如果已经萌发新芽，则每隔 10～15 天可酌施粪水一次，开始要稀，以后逐步加浓。也可用 1‰尿素水溶液浇灌。如肥水充足，6～7 月，大部分新竹每株能发笋 1～3 株。生长期，须中耕除草 2～3 次，使土壤疏松，保证新竹的生长。发笋期间，如遇久旱不雨，必须勤加灌溉，防止干旱致死。

成林竹的抚育管理，主要环节有献开、施肥、培笋、笋穴处理、中耕除草。

献开：是指在每年初将每丛竹表土挖开使竹头和笋头暴露，让所有的笋目能够接触阳光的一种处理。主要目的是利用光热刺激笋芽的萌动，促进提早发笋。通常在春分至清明期间进行。具体方法是将堆拥在竹丛根际的泥土，自外而内圈状挖开，边挖边查定分蘖体的位置，有分蘖芽的地方，必须割除缠绕笋芽上的须根，使所有含苞待发的笋芽暴露，任其风吹日晒。

施肥：献开以后，经 3～5 天，即可进行根际施肥，促进发笋。春季施肥，可用腐熟人粪尿或腐熟堆肥，施肥量视条件而定。集约经营的，可每隔 10～15 天施一次肥，能促进竹笋丰产。如果施化肥，氮、磷、钾之比为 5：4：3，另外加硅酸钙的复合肥效果更好。施用量每丛施肥总量 1.6 千克左右，视竹丛大小而定。

无论堆肥或化肥，都用环状施肥法。即离竹株中心 1 米周围，掘深约 10 厘米的浅沟，将肥料均匀撒在沟中，肥液必须与笋芽保持一定距离，否则笋芽生长缓慢，品质变粗劣。夏季施肥一般与培笋、笋穴处理相结合。冬季施肥常与中耕除草结合。

培笋：献开的竹丛，笋芽皆为黄褐色，呈扁圆状圆形体，施用春肥以后，随着气温升高，笋芽慢慢凸起，形成一个小笋，并出现裂缝和猪肝色内捧叶时，即可培土盖住笋芽。其方法是将献开的土壤，重新覆盖所有正在萌发或尚未萌发的笋芽。萌动的笋芽在黑暗土壤中生长，笋体丰满粗大、纤维少、风味好。培土的深度视竹丛生长情况而定，生长势强的，可加土 30 厘米左右，长势弱的宜浅。

笋穴处理：4～5 月，部分笋芽成熟，即可割笋。割笋留下的笋穴必须及时封土，否则对笋头和笋目的发育不利。

在封土的同时，松土除草。冬季，应全面松土一次，并挖掉腐朽的老竹蔸。松土后施用腐熟堆肥，每丛 15～30 千克。冬季施肥可以促进竹笋早发。

（五）采笋和留笋

竹笋出土后，当笋芽尖端捧叶充分发育而展开时，即应割笋采收。割笋最好在早上进行。采笋的方法：先将土扒开，挖除笋芽周围的土壤达到一定深度，使笋裸露后用笋刀割断。采笋留竹时，留竹的芽位要低，应保持竹丛不冒出地面。

二十四、 乌饭树

（一） 简介

乌饭树（*Vaccinium bracteatum* Thumb.）为杜鹃花科越桔属常绿小灌木。又名乌鸦果、老鸦果。叶片层叠有致，夏季翠绿，秋季微红，姿态优美，既能观赏又可食用，也可制作成盆景，是一种良好的观叶、观花、观果的景观和天然色素树种。

（二） 生物学与生态学特性

乌饭树为常绿小乔木或灌木，高可达 3 米。小枝褐色，无毛，幼枝被柔毛。叶卵形或椭圆形，稀长椭圆状披针形，长 2.5～9.0 厘米，宽 1.3～4.0 厘米，先端渐尖，基部楔形或宽楔形，具细锯齿，两面近无毛，上表面脉纹纤细。叶柄长 3～5 毫米，近无毛。

花两性，花期 6 月上旬至 7 月中旬，花序长3～8 厘米。花序轴及花梗被短柔毛；小苞片披针形，具齿，宿存；花梗长约 1 毫米；花萼密被灰白色短柔毛，萼齿三角形；花冠壶形、白色，有时带淡红色，长 5～7 毫米，两面被灰白色短柔毛；花丝细长，被毛。

乌饭树 8 月初开始挂果。果为浆果，球形，直径 4～7 毫米，被短柔毛及白粉，单果重 0.3～0.8 克；10 月下旬开始陆续成熟，果实逐渐由青色转为淡红色，再由淡红色转为紫黑色，被薄白粉。果肉味甜，果实含糖、有机酸、鞣质、维生素 C、矿物质等，可鲜食，也可入药。果内有种子多粒，种子细小，大小年结果现象较明显。中医认为乌饭树果味甘、酸，性温，具有强筋、益气、固精等功效。

乌饭树生态适应性强，喜阳耐旱，耐瘠薄，较耐寒，林缘及稀疏灌木丛中往往分布较多，林中极少。根系生长旺盛，须根发达，集中分布于 10～20 厘米的浅土层中，为浅根性树种。喜酸性环境，在土壤 pH 4.5～6.6 的黄红壤、红壤上生长良好，是南方酸性红壤区一种良好的水土保持植物。

（三）利用价值

1. 园林应用 可庭院绿化造景，也可制作盆景。悬根露爪，苍古遒劲，姿态优美，叶片层叠有致，清奇古雅。

2. 药用与色素功能 乌饭树叶含有柯伊利素、

槲皮素、异鼠李糖、芫草素等多种黄酮类物质。叶及果入药，可治疗肾虚、支气管炎及鼻炎，且止泻除湿；根入药，有消肿、止痛之效。树皮含鞣质，花含乌索酸、芫草素、异芫草素、莽草酸、山楂酸等。以乌饭树叶为原料，提取的天然色素，对蛋白质、毛发、淀粉、白醋及色拉油有良好的着色能力。乌饭树叶黑色素，具有易溶于水、耐光和稳定性好等优点，是一种优良天然食用色素。

（四）繁殖方式

1. 扦插繁殖 嫩枝扦插，选用浓度 200～300 毫克/升的 ABT 1 号、IBA 处理插穗，对提高生根成活率效果良好。泥炭土或腐苔藓与黄沙泥的混合物是乌饭树扦插的良好基质。亚热带东部地区，乌饭树嫩枝扦插最佳时期应在 6 月。叶片、半木质化枝条均可作乌饭树的扦插材料。

2. 播种繁殖 将秋季采摘的浆果用 0.1% 高锰酸钾溶液浸种后，于早春直接播种即可。播种宜用浅盆、木箱，将粗沙粒铺于底部。撒播后，覆盖一层细土，浇水保湿。幼苗长出 2～3 片真叶时移植。

（五）栽培技术

1. 整形修剪 整形修剪一般在早春或冬季进

行，剪去枯枝、斜枝、徒长枝、病虫枝及部分交叉枝，以保证树冠和树形健康完美。修剪后，伤口要涂抹愈伤防腐膜。

2. 病虫害防治　乌饭树最常见的虫害是红蜘蛛，多发生在 6～8 月高温干旱时，可用 2‰阿维菌素乳油 3 500～4 500 倍液均匀喷雾防治。喷施或在植株基部浇灌壳聚糖液可提高植株抗病虫的能力。

（六）　加工

将乌饭树叶采摘后，放入洁净泉水或冷水中浸泡，并用搓衣板搓揉或捣碎，使黑色素从叶细胞中释放出来。浸泡时，可加入适量洗净的枫香叶，以增加清香味。然后，将糯米洗净，在盛装乌饭树色素液的容器中浸泡约 24 小时，即可蒸煮。糯米蒸熟后，即成乌饭。

二十五、 黄栀子

（一） 简介

黄栀子（*Gardenia jasminoides* Ellis）为茜草科栀子属植物。别名栀子、山栀、白蟾，是卫生部第一批颁布的药食两用植物。其成熟干果是传统珍贵中药材，也可提炼天然色素栀子黄、栀子蓝等。这些色素广泛应用于食品、果酒、饮料、医药、日用化工等行业，提取色素前的副产品栀子油，与橄榄油、茶油一样属于高档食用油。

（二） 生物学和生态学特性

黄栀子为常绿灌木，高达2米。叶对生或3叶轮生，叶片革质，长椭圆形或倒卵状披针形，长5～14厘米，宽2～7厘米，全缘；托叶2片，通常连合成筒状包围小枝。花单生于枝端或叶腋，白色，芳香；花萼绿色，圆筒状；花冠高脚碟状，裂片5或较多；子房下位。花期5～7月，果期8～11月。果长卵形，具6纵棱及6刀状宿萼，熟果变黄再转橘红。种子扁平，直径约0.5厘米，外有黄色胶质物。

黄栀子喜温暖，较耐高温，生长适温为 18～28 ℃。对光照要求不严格，长日照、短日照均可。喜酸性土壤，忌积水、盐碱地，在丘陵山地能普遍生长。黄栀子耐霜、耐冻，冬季不落叶。长江以南各地均有野生分布。主产地为湖南、江西、福建、浙江。野生黄栀子喜生于温暖疏林山坡和荒坡草丛中。

（三）利用价值

黄栀子以含有天然色素著称。其中栀子黄，是黄栀子中的黄色色素，其成分为类胡萝卜色素系列的藏花素，与藏红花中的藏花素相同。还含有环烯醚萜苷类的栀子苷及黄酮、绿原酸。其耐盐性、耐还原性、耐微生物性良好，在中性或偏碱性条件下，栀子黄耐光性、耐热性均较好；而在低 pH 时耐热性、耐光性较差，易褐变。对蛋白质和淀粉染色效果较好，即对亲水性食品有良好的着色力。对金属离子（如铝、钙、铅、铜、锡等）相当稳定。

栀子黄可用于果汁（味）型饮料、配制酒、糕点、冰棍、雪糕、膨化食品、果冻、饼干、糖果和栗子罐头着色。栀子黄色素还可抑制 80% 亚麻油酸的氧化，因而可作为食品加工过程中的抗氧化剂。

此外，在医药上，黄栀子果还具有护肝、利胆、降压、镇静、止血、消肿等作用，中医临床上常用于治疗黄疸型肝炎、扭挫伤、高血压、糖尿病等症。

（四）育苗技术

既可播种育苗，也可扦插育苗。

1. 播种育苗

（1）**种子的采集与处理** 选择结果盛期的主栽品种，在树冠宽阔丰满、结果多、果体大的母树上采种。10 月上旬，先将母树上的小果、病虫果摘除，待栀果充分成熟时，采集果大、肉质厚、橙黄色或深红的鲜果作种子。处理方法如下：将鲜果连壳晒至半干留用，播前剥开果皮，取出种子，浸泡在清水中 24 小时，揉搓后去掉漂浮在水面的杂物及瘪粒，将沉底饱满种子捞出滤干，以备消毒、催芽和播种。

（2）**播前土壤处理** 选择土层深厚、土质疏松、水肥条件较好、排灌方便的地块作圃地。深翻土壤 20～30 厘米，每 667 米² 圃地施腐熟厩肥 500～1 000 千克、过磷酸钙 10～15 千克，旋耕机犁、耙，使肥料与土层均匀混合。筑成高 20～25 厘米、宽 1.0～1.2 米的苗床，开好排水沟。播种前 7 天，可用 2% 的硫酸亚铁或 3% 的生石灰水溶液进行土壤消毒，预防圃地病虫害的发生。

（3）**播种时间和方法**　2月下旬至3月中下旬育苗，当年生苗木可出圃。播种前，对种子进行消毒和催芽：将精选种子放入0.5%的高锰酸钾溶液中浸种2小时后，捞出种子，用清水冲洗2次，滤干水，再将种子放入35℃左右温水中24小时后，取出种子滤干水即可播种。可撒播或条播。每667米²播种量2~3千克，再盖一层薄土，以不见种子为度，最后用稻草均匀地覆盖苗床，或用地膜覆盖。晴天要及时对圃地浇水，保持苗床湿润。经15~30天即可出苗。苗木出齐后，选择阴天或傍晚揭去覆盖物。

（4）**苗期管理**　在种子萌芽期和出苗期，保持苗床土壤湿润。生长初期（5~6月），也是江南地区梅雨季节，要及时疏通排水沟，防止积水。速生期（7~9月），久晴不雨时，要及时浇水，确保苗木生长所需。圃地施肥应结合松土除草和间苗进行。5~6月，苗木对养分需求量不大，每隔20天施一次3%腐熟人粪尿。7~9月，苗木生长快，要及时追肥。前期，每隔20天施0.2%~0.3%复合肥或尿素。9月下旬苗木进入生长后期，停止追施氮肥，补充追施磷、钾肥2次。促进苗木粗生长和木质化，增强苗木抗寒和越冬能力。在出苗2~3天后要拔草一次，之后每隔10~15天在苗床行间松土除草，结合除草间苗一次。每667米²产苗量控制在3万株左右。

2. 扦插育苗　春季2月下旬至3月上旬和秋

季 10～11 月上旬均可进行扦插育苗。春季扦插，当年即可出圃。扦插前应对圃地进行细致整地，施足基肥，使土壤疏松、湿润。插条应选优质高产、无病虫、生长健壮、结果盛期的母树，采集 1～2 年生、粗 0.6～1.0 厘米枝条，去除梢部未木质化部分，截成 10～15 厘米长，上端平、下端斜的小段，保留 2～3 个节位的叶片，每 50 支捆成一把。为促进插条生根，用 GGR 6 号（俗称 ABT 6 号）1 克、水 2 千克浸泡插条基部 10 秒钟后，取出插条。扦插时，按株行距 10 厘米×15 厘米，用小木棒打引孔，将插条斜插入孔内，深度为插条长度的 1/2 或 1/3，用土压紧。晴天扦插，随后要浇透水，以后保持苗床湿润。扦插后经 60～70 天发芽生根。

（五）栽培技术

10～11 月和翌年 2～3 月是黄栀子最佳栽植季节。

1. 苗木选择　选用一年生苗。一般要求苗高 40 厘米以上，地径 0.4～0.6 厘米，且木质化程度高、主根短而粗、侧须根发达、苗干通直、无病虫和生长健壮的优质苗造林。

2. 整地　选择郁闭度 0.3～0.5 的人工林。海拔 600 米以下，坡度 25°左右的红壤或黄红壤，土层厚 40 厘米以上，交通便利的林地。造林前，清除林下灌木、树桩等物。采用水平梯整地，顺坡向每隔 25 米，适当保留约 1 米宽灌木带，以利保持水土。按 1 米×1.5 米株行距挖穴，规格为 40 厘米×40 厘米×30 厘米。栽植前，穴施钙、镁、磷肥或复合肥 0.5 千克，也可穴施 10 千克腐熟农家厩肥与土混拌均匀作基肥。

3. 栽植方法 选阴天或雨前栽植。将幼苗适当修剪枝叶，以减少苗木水分消耗，并用磷肥和黄泥浆蘸根。栽植深度比原土痕深 2～3 厘米，做到苗正、根舒，使苗木根系与土密接。若是晴天栽植，要浇足定根水，再盖一层薄松土，以利提高造林成活率。

4. 栽后管理 造林当年，应对死苗穴进行补植。1～3 年的幼林，每年除草松土抚育 2 次。第一次 4～6 月，第二次 8～9 月。

每年冬或翌年 2 月前，每株施复合肥 0.3 千克，或施腐熟农家肥 1 千克，以促进幼树形成合理树体结构。5～6 月，黄栀子开花期，于阴天或傍晚，用 0.15% 硼砂加 0.2% 磷酸二氢钾溶液喷洒叶面，以提高植株开花和结果率。采果后，每株施腐熟农家基肥 2 千克、硼磷肥（钙镁磷肥加 0.5% 硼砂）0.3 千克，促进恢复树势，增强越冬抗寒能力。

在幼树生长期，若夏伏天遇长期干旱，至少要浇灌水 2～3 次，确保幼树对水分的生理需求。结果树在花前、花后、果实发育期，除施肥外，在伏旱严重时，要浇水 1～2 次，以确保栀果正常发育。

整形与修剪：

（1）幼树整形 幼树整形应在 10～11 月（秋冬造林）或者翌年 2～3 月（春季造林）造林成活后，在幼树离地 20～25 厘米处剪截主干。至夏梢抽发，每株选 3～4 个粗壮大枝作主枝，并使其分布均匀。第二年，夏梢抽发，每个主枝上再培养 3～4 个副主枝，逐步将树冠培育成圆头状。定植 2 年内，对主干、主枝应抹芽除蘖，剪除下部萌蘖和花芽。第三年可适当留果。在 9～10 月应摘除花蕾。为方便采收，黄栀子树高控制在 2.0 米以下。

（2）结果树修剪 对结果树应以疏为主，宜在冬季或翌年春季发芽前 20 天进行。修剪时，先抹去根颈部和主干、主枝以上的萌蘖，后疏去冠内枯枝、病虫枝、交叉枝、重叠枝、密生枝、下垂枝、衰老与徒长枝等，使冠内枝条分布均匀，内疏外密，以利通风透光，减少病虫害，提高结果率。

（六）采收与加工

黄栀子果实采收时间一般在 10 月上中旬至 11 月，成熟一批摘一批，以果皮由青转红呈红黄色时采收最好。宜选晴天露水干后或午后进行。

1. 采收 黄栀子采收时间不宜过早，否则果未全熟，不仅果小，果肉不饱满，影响产量，而且果内的栀子苷和黄色素含量低。如果过熟，则干燥困难，加工后易霉烂变色，使其利用价值降低，也不利于树体养分的积累和树体的安全越冬。

2. 加工 黄栀子鲜果加工方法有烘干法和晒干法两种。不论采取哪种方法，在干燥过程中，都需轻轻翻动，勿损伤果皮，还应防止外干内湿或烘焦。

将鲜果倒入沸水中浸泡 3～5 分钟，或用蒸气蒸，温度控制在 50 ℃，时间 20 分钟。然后进行烘干，烘干温度 80 ℃，时间 30 分钟，后将温度降低至 50 ℃，保持 40～50 分钟，进入保温房，温度为 35～40 ℃，时间 2 小时。经过烘干处理后，果品水分≤8.5％，筛选分级包装入库。或将鲜果倒入自制蒸汽锅炉上蒸 3 分钟后，将栀果放置干净晒场上曝晒 2～3 天，晒至六至七成干后，堆放阴凉通风处 3 天左右，待其内部水分散发，再放到太阳下晒干。

二十六、薜荔

（一）简介

薜荔（*Ficus pumila* Linn.）为桑科榕属常绿灌木。别名木莲、凉粉果、鬼馒头、凉粉子等。具不定根，常攀附于岩石、树干上生长。分布于我国华东、华南和西南，长江以南至广东、海南、台湾等地，亦见于日本、印度。

（二）生物学和生态学特性

薜荔为攀援或匍匐灌木，叶两型，不结果枝节上生不定根，叶卵状心形，长约2.5厘米，薄革质，基部稍不对称，尖端渐尖，叶柄很短。结果枝上无不定根，叶革质，卵状椭圆形，长5～10厘米，宽2～3.5厘米，先端急尖至钝形，基部圆形至浅心形，全缘，上面无毛，背面被黄褐色柔毛，基生叶脉延长，网脉3～4对，在叶表面下陷，背面凸起，网脉甚明显，呈蜂窝状。叶柄长5～10毫米。托叶2，披针形，被黄褐色丝状毛。榕果单生叶腋，雌花果近球形，长4～8厘米，直径 3～5 厘米，顶部截平，略具短钝头或为脐状凸起，基部收窄成一短柄；基生苞片宿存，三角状卵形，密被长柔毛；榕果幼时被黄色短柔毛，成熟时黄绿色或微红；总梗粗短。雄花生榕果内壁口部，多数，排为几行，有柄，花被片 2～3，线形，雄蕊 2 枚，花丝短；瘿花具柄，花柱侧生，短；雌花生另一植株榕果内壁，花柄长，花被片 4～5。瘦果近球形，有黏液。

授粉是由昆虫携带花粉通过果苞包片错位覆盖处的空隙爬行至雌花柱头完成。果实大小、产量高低与授粉效率有较大关系。授粉后发育成倒卵形的复花果，长约 5 厘米，基部生苞片，果顶部有乳头状突起，宿存萼片。果实于 8～9 月成熟，老熟时囊果皮（外果皮）暗褐色，并自行 3 裂向外飘散种子。

薜荔零星分布于海拔 50～800 米的古树、大树和断垣、墙壁、石壁、石桥，虽喜湿润肥沃土壤，但也耐贫瘠，抗干旱。适宜生长温度 20～28 ℃，短时间能忍受－7～－5 ℃的低温。

（三）利用价值

薜荔种子外种皮含有一种亲水性蛋白酶，在低温和钙镁离子激活下，具有良好的吸水、固水功能，使其具备制作凉粉的特性和降糖减肥的作用，是现代健康生活的重要辅助食疗产品。

薜荔的茎、叶，味酸、性凉，根味苦、性寒，均具有祛风除湿、活血通络、解毒消肿的功效。主治风湿痹痛、坐骨神经痛、泻痢、尿淋、水肿、疟疾、闭经、产后瘀血腹痛、咽喉肿痛、睾丸炎、漆疮、跌打损伤。

薜荔种子油含量高达 30.1%，其中亚麻酸含量占 61.4%，亚油酸含量占 21.7%，油酸的含量占 1.8%。薜荔根、茎、叶、果入药具有补肾固精、祛风除湿、活血通络、消肿解毒的功效。

可制作薜荔凉粉，是瘦身减肥的良好辅助食品。

由于薜荔的不定根发达，攀援及生存适应能力强，在园林绿化方面可用于垂直绿化、山坡地绿化、填埋式垃圾场绿化等。

（四）育苗技术

薜荔繁殖方法有种子繁殖和扦插、嫁接繁殖及组织培养。目前多采用播种育苗和扦插育苗。

1. 播种育苗　成熟果实采摘后堆放数日，待花序托软熟后用刀切开取出瘦果，放入水中搓洗，并用纱布包扎成团，用手挤捏滤去肉质糊状物取子，种子阴干贮藏备翌年春播。一般种子发芽率可达 90% 以上，成苗率达 85% 以上。早春整地、做畦、耙平，覆 1 厘米厚黄心土，用木板整平床面后，撒播，再覆土，覆土厚度以不见种子为度。

洒透水，用竹弓支撑，扣上薄膜和遮阳网。

当温度 10～23 ℃时，10 天可出苗。4 月中下旬，选阴天按株行距 15 厘米×20 厘米移植于大田苗床，然后盖上遮阳网，按常规方法育苗管理。至 9 月中下旬揭去遮阳网进行日光炼苗，11 月下旬至翌年春可供造林。

2. 扦插育苗　用 1∶1 的黄心土和细河沙混合料，或用泥炭土、蛭石和谷壳灰（5∶4∶1）的混合料作扦插基质。

选择当年萌发的半木质化或一年生木质化的大叶枝条（结果枝）以及一年生木质化的小叶枝条（营养枝）作插穗。结果枝插条长 12～15 厘米，留叶 2～3 片，斜插于土内，深度为插条长的1/3，每平方米插 40 株；营养枝长 20 厘米，露出小枝平埋于土内或剪去 3/5 以下的小枝后斜插。扦插前可用 25 毫克/升或 50 毫克/升的 ABT 生根粉液浸泡插条基部 1～2 小时。

在盖有透光度 50%的遮阳网的钢架或竹木架下砌扦插床，床底先后各铺厚度 5 厘米的卵石和粗沙层，然后铺厚 20 厘米的扦插基质。床内相对湿度保持在 85%左右，土壤湿度 25%左右。温度维持在 25 ℃左右。也可采用安装有全光照自动间歇喷雾装置的苗床育苗。亚热带东部地区 5 月中旬、9 月中下旬均可扦插，此时日均温 25 ℃左右，利于生根。一般 20 天可产生愈伤组织，25～30 天出现根眼点，40 天长出新根。

（五）栽培技术

选择排水良好、湿润肥沃的板岩、砂岩、花岗岩等发育的沙壤土上生长的杉木、马尾松等人工林，要求郁闭度 0.4～0.6，平均树高 8 米以上。可在大树旁挖穴整地，长、宽各 50 厘米，深 40 厘米。在栽前半个月，回填草皮和表土于穴底，再埋入腐熟的猪牛栏粪或经堆沤的厩肥约 20 千克，最后填满心土，土面高出原地面 10 厘米。

春季选阴天或晴天栽植，栽前用磷肥黄泥浆蘸根或用 100 毫克/升的 ABT 6 号生根粉液蘸根。栽时藤蔓朝向树干，做到舒根、压紧并浇透水。

薜荔生长期要注意浇水，充分保证其对水分的要求。特别是夏季高温晴天每天要浇 1～2 次水，或者向叶面喷雾，以提高空气湿度。生长期每月施 2～3 次稀薄的液态有机肥。

薜荔林下种植一般很少有病害。在长时间高温、高湿和光照过弱时，可发生白绢病。白绢病是由一种名为齐整小核菌的真菌侵染所致。防治方法：及早清除病叶、病株，集中烧毁，并喷施或在植株基部浇灌壳聚糖液，可提高植株免疫力药剂。

（六）加工

目前，薜荔果主要用于制造天然凉粉。制造

方法：先削去薜荔果皮，切开，晾干后，将果实装到干净布袋内，把袋子浸入 20 ℃以下凉开水或洁净井水中，用力反复搓揉挤压布袋及薜荔果，使种子表面的胶质全部脱离并渗于水中。然后提起布袋，让水静置半小时，便自动地凝成了晶莹剔透的天然果冻。此果冻可与糖水、蜂蜜调和食用。

二十七、 山苍子

（一） 简介

山苍子 ［*Litsea cubeba* （Lour.） Pers.］ 为樟科木姜子属植物，是一种适应性很强的灌木或小乔木。别名山鸡椒、木姜子。果皮挥发油含油率约5%。果实提取的山苍子油，含柠檬醛、高醇、有机酸等，是重要的天然香料和高级润滑油，是香料、烟草、食品、化妆品、药品工业的重要原料。

山苍子油中柠檬醛含量高达 60%～80%，最高可达 90%。柠檬醛能合成紫罗兰酮系列香料，包括紫罗兰酮、甲基紫罗兰酮以及相应的醇、酯化合物，是调制高级香精的重要原料，广泛用于高档化妆品、香皂等日用化工品和食品生产中。我国是山苍子油的主要出口国，国际需求比较稳定。

（二） 生物学与生态学特性

山苍子为落叶灌木或小乔木，高可达 4 米左右，最高可达 10 米。树皮幼时黄绿色、光滑，老时变成灰褐色，片状剥落。除幼嫩枝有绢毛外，全体无毛。叶互生，纸质，有浓香，披针形或长圆状披针形，稀有倒卵形或椭圆形，上面深绿色，下面苍白色，两面无毛，具羽状脉，全缘，先端渐尖，基部楔形，长5～15厘米，宽1.5～5.0厘米。花单生或4～6朵簇生，花小，黄白色。雌雄异株，雄花有花被6片，排成2轮，雄蕊9或6，排成3或2轮，内轮雄蕊退化，有2腺体；雌花由1枚雌蕊组成；子房椭圆形。先花后叶，伞形花序单生或簇生，总花梗纤细。核果近球形，直径4～5毫米，有不明显小尖头，无毛，成熟时黑色，种子球形，1千克种子有3万～4万粒。不同地区物候期不同，一般1～3月开花，果实成熟一般在7～9月。

山苍子喜温暖湿润的环境。产区年平均气温10～18℃，短期耐−12℃低温，年降水量900～1 200毫米。在中性至微碱性紫色土、山地黄壤、山地红黄壤以及红壤上均能生长，以土层深厚、肥沃、排水良好的土壤上生长最好。山苍子属中性偏阳树种，除幼苗期需要遮阳以外，成年树具有喜光的特性。在缺乏光照的条件下，山苍子生长发育不良，有效成分含量少。

在长江中下游各省多分布于海拔600～1 800米的丘陵和山地，云贵高原分布区海拔达2 400～3 000米。

（三）利用价值

山苍子根、茎、叶和果实均可入药，可用于

治疗风寒感冒、疲倦乏力、久行脚肿、急性乳腺类疾病、虚寒型胃痛、外伤出血、毒蛇咬伤、腹痛腹胀和风湿关节痛等疾病，有抗血栓、抗哮喘病和抗过敏的功效。山苍子油还可作为合成维生素 E、维生素 K、维生素 A 等的原料。

精制的山苍子油具有新鲜柠檬果香味，是我国 GB 2760—1986 规定为允许使用的食用香料，可直接用于糖果糕点、口香糖、冰淇淋、饮料、酱类调味品、调味油及焙烤食品等的调味增香。山苍子油对黄曲霉、橘青霉、总状毛霉、米根霉等多种真菌均有较强的抗菌作用，对为害蚕豆、玉米、茶树等的昆虫及仓储害虫都有较强熏杀作用，且对人畜无毒。山苍子油具较强抗氧化活性，是合成抗氧化剂丁基羟基茴香醚（BHA）的两倍，优于姜油和肉桂油。

山苍子油中分馏得到的柠檬醛，可进一步用于生产香皂、牙膏、香水和香粉等日用品和化妆品。从山苍子中提取的脂肪油可以制成金属离子沉淀剂，用于对重金属污水的处理。以山苍子脂肪油为原料生产的润滑油添加剂，能使润滑油在 $-60\,°C$ 低温下不结冻，而 $60\,°C$ 以上时又能使润滑油黏度增加，是良好的高级润滑油助剂。

山苍子也是塑料、油墨生产中不可缺少的原料。例如，柠檬醛与酚的缩合物可作为聚乙烯、聚丙烯合成丙烯腈橡胶的稳定剂；柠檬醛可作聚氯乙烯聚合反应的终止剂；柠檬醛加入油墨中可提高印油的粘黏度、抗磨性、抗水性等。

（四）育苗技术

1. 种子采集及处理　选择 8～20 年生的健壮优良母树采集种子。果实成熟于 8～9 月，呈黑色时可采种，用于提炼芳香油的种子可在 7 月果实成熟前采收。采回后在室内堆沤 2～5 天，待果肉充分软熟后置于水中擦洗，除去果皮果肉。然后，用 1％～2％ 的草木灰温水浸泡 2～3 小时，再用水漂洗干净，擦除种子表面蜡质层，洗净后阴干。半月至 1 个月后水选一次，除去破皮霉烂种子，阴干。出籽率 18％～26％，种子千粒重 30～40 克，发芽率 65％～80％。

2. 苗圃地选择　圃地应选择地势平坦，土层深厚、肥沃，排水良好的壤土或沙壤土。

3. 播种育苗　种子发芽率随贮藏期的延长而下降，一般应在采收后的 8 月下旬至 9 月底播种。土壤经深翻、耙碎、整平、施基肥等程序处理后，筑床，抽排水沟。条播时播种量每 667 米² 75～90千克，行距 20 厘米，深 3～4 厘米，覆土厚度 2～3 厘米，并盖切碎的短草保湿。气温低至 12 ℃ 以下时，应覆盖薄膜保温。

4. 苗期管理　幼苗出土半个月，施发酵充分的清淡人畜粪水（浓度 5％～8％）一次，以后每月追肥一次，先稀后浓，共追肥 3～4 次，及时灌水、中耕、除草、间苗。苗高 40～50 厘米，即可出圃定植。

（五）栽培技术

1. 种植技术

（1）**植苗造林** 可在郁闭度 0.5 以下的杉木、马尾松等人工林内栽培。南坡、东南坡、西南坡山地均可选作造林地，土壤以肥沃湿润的酸性红壤、黄壤为宜。

整地前须进行林地清理。郁闭度较低的林下，可进行带状、块状清理。主要清除林地杂草、灌木，并运出造林地或粉碎后撒施于林地。坡地以穴状整地为宜，株行距按 2 米×3 米的密度挖植树穴。穴大小为 60 厘米×60 厘米×40 厘米。

定植穴挖好后应施足基肥，基肥与挖出的熟土一起放入穴内。基肥标准：每穴过磷酸钙 0.1～0.3 千克，或复合肥（N∶P∶K＝15∶5∶10）0.2 千克。

于 2～3 月选择阴雨天栽植。因山苍子雌雄异株，植树时应在圃地留下部分苗木不出圃，供作调剂雌雄株之用。确保雄株占树木总株数的 10% 左右，并均匀分布于林中。雌雄株区分方法：春季先开花后长叶者为雄株，先长叶后开花者为雌树。此时即可将多余的或分布不匀的雄株拔除或移栽，并将留圃的雄株或雌株母树苗补栽上去。

（2）**直播造林**　每年 8 月中下旬山苍子果实成熟时采种，当即播下。如果采后 3～5 天不能按时播种，最好用湿沙贮藏。种植穴长、宽各为 50 厘米，深 13～16 厘米，每穴播种 6～8 粒，覆土 2 厘米，再加覆盖物。翌年 3～4 月出苗。

（3）**人工促进天然林更新**　在分布集中、种子产量较高的野生山苍子纯林或混交林中，通过人工抚育措施，去密留稀，补缺填空，优化林相，提高单位面积产量。对结实差、树势衰老的野生山苍子林地，可于 4 月或 7～8 月山苍子成熟时，清除林地杂草、灌木后整地，将落于地面的山苍子种子掩埋入土。出苗后，经过 2～3 年的抚育管理，山苍子幼树即可郁闭。

2. 林分管护

（1）**整形修剪**　栽后第二年，当山苍子树高达到 1.2 米左右时，通过截顶，可矮化主干。每年 12 月上旬至翌年 2 月中旬，修剪树冠一次，剪截新枝 1/3，促使侧枝萌发，增加结果枝。同时，要疏伐雄株，控制雌雄比例。

（2）**追肥**　栽后头两年每年施肥 2 次，以有机肥为主，对弱小苗增施适量复合肥，5 月下旬，施用发酵有机肥，施用量为每株 1 000 克；11 月下旬，施用复合肥，施用量为每株 400 克。施肥时，应沿树冠滴雨线开沟 10 厘米深后，均匀施入，并盖土保湿。栽后第三年进入盛果期后，每年施肥 3 次，即 3、7、9 月分别施花前肥、壮果肥和采后肥。尤其是结果数量大的单株，应加大施肥量，以促其尽早恢复树势，防止翌年出现小年现象。肥料以农家肥和高效有机肥为主，有条件的地方可配合施用磷酸二氢钾等。

（3）**中耕除草**　每年松土抚育 2 次，结合施肥进行 1～2 次中耕除草。定植当年 3～4 月进行第一次中耕除草，7～8 月进行第二次除草。以后结合施肥，每年除草 2 次。应避免使用化学除草剂除草。

（六）采收与加工

1. 采收　当果实外皮呈青色，带有光泽，无皱纹，用手指剥开外皮有强烈生姜香味，果核坚硬，核仁呈浅红色，并带有微量的浆液，这时柠檬醛含量与出油率最高，是最适宜的采摘时期。矮树可用手采摘，高树可用竹竿，绑上高枝剪采摘，切忌将整个大枝或树干砍下。采种时应将果柄连果摘下，否则果实基部便有孔口，导致柠檬醛挥发。加工蒸馏时，果柄还能起到疏松作用，方便蒸汽通过，缩短蒸馏时间，节省燃料。

2. 加工　新鲜山苍子采下后应及时进行加工。不能及时加工时应将山苍子摊铺于阴凉通风处，堆放厚度不要超过 6 厘米，每天翻动 2～3 次，以防发热，这样可保持 10 天以上不变质。若要运往远处加工，包装方法可采用蒉篓或小眼竹篓，内衬笋叶，随装随运，避免腐烂。因加工程序不同，制成两种不同产品。

(1) 芳香油提取 利用蒸汽蒸馏新鲜山苍子果 8 小时左右，出油率一般为 4%～5%，最高达 6%。蒸馏方法：①先将水烧开，再将山苍子原料均匀装入蒸桶。②初蒸时火力宜猛，冒蒸汽后保持火力均匀。③蒸馏过程中蒸锅内及时添加热水，始终保持适当水量。④冷凝管应整体浸入冷水中。水温 40 ℃以下，温度过高则降低出油率，增加含水率。⑤取油时利用分油器将油下层水放走，将沉淀物过滤后的纯净油导入油桶。

山苍子油有腐蚀性，要用镀锌铁桶盛装，且不宜装满。切勿用塑料桶装油。油桶宜放阴凉通风处，切忌日光直射。储存、运输途中切勿与棉制品、化纤等易燃物混放，否则易自燃。

(2) 榨取核仁油 把蒸馏过的山苍子核仁晒干，碾成粉末，然后用低温压榨法提取核仁油。出油率约 30%。

图书在版编目（CIP）数据

林下经济作物种植新技术 / 谭著明主编 . —北京：中国农业出版社，2017.10（2018.12 重印）
（听专家田间讲课）
ISBN 978 - 7 - 109 - 23324 - 9

Ⅰ.①林… Ⅱ.①谭… Ⅲ.①经济林-间作-经济植物-栽培技术 Ⅳ.①S56②S344.2

中国版本图书馆 CIP 数据核字(2017)第 215984 号

中国农业出版社出版
（北京市朝阳区麦子店街 18 号楼）
（邮政编码 100125）
策划编辑 黄 宇
文字编辑 丁晓六

北京中兴印刷有限公司印刷 新华书店北京发行所发行
2017 年 10 月第 1 版 2018 年 12 月北京第 7 次印刷

开本：787mm×1092mm 1/32 印张：5.5
字数：100 千字
定价：18.00 元
（凡本版图书出现印刷、装订错误，请向出版社发行部调换）